测 量 平 差

主　编　谭立萍　冯春菊　邓桂凤
副主编　张齐周　段宝霞　周佳佳
　　　　孙艳崇　徐广飞　冀念芬

科学技术文献出版社
SCIENTIFIC AND TECHNICAL DOCUMENTATION PRESS

·北京·

图书在版编目（CIP）数据

测量平差/谭立萍，冯春菊，邓桂凤主编．—北京：科学技术文献出版社，2016.8
（2021.9 重印）
ISBN 978-7-5189-1636-8

Ⅰ．①测… Ⅱ．①谭… ②冯… ③邓… Ⅲ．①测量平差—高等职业教育—教材
Ⅳ．①P207

中国版本图书馆 CIP 数据核字（2016）第 141983 号

测量平差

策划编辑：赵 斌　　责任编辑：赵 斌　　责任校对：赵 瑷　　责任出版：张志平

出 版 者	科学技术文献出版社	
地　　址	北京市复兴路 15 号　邮编　100038	
编 务 部	（010）58882938，58882087（传真）	
发 行 部	（010）58882868，58882870（传真）	
邮 购 部	（010）58882873	
官方网址	www.stdp.com.cn	
发 行 者	科学技术文献出版社发行　全国各地新华书店经销	
印 刷 者	北京虎彩文化传播有限公司	
版　　次	2016 年 8 月第 1 版　2021 年 9 月第 9 次印刷	
开　　本	787×1092　1/16	
字　　数	210 千	
印　　张	9.25	
书　　号	ISBN 978-7-5189-1636-8	
定　　价	35.00 元	

前　言

　　本教材是编者在总结多年高职高专教学改革成功经验的基础上，结合我国测绘专业的基本情况，按照测绘专业高职高专人才培养的特点编写。

　　测量平差是高职高专建筑工程专业及其相关专业的一门专业基础课程，是专业核心能力模块的重要组成部分。教材编写紧紧围绕专业人才培养目标，坚持"必需、够用"的原则，合理设置教材内容。教材结构设计充分体现职业教育"就业导向，能力本位"的指导思想，体现以职业素质为核心的全面素质教育培养。本教材侧重于对条件平差、间接平差和误差椭圆知识的讲解，并介绍了近代误差理论和测量平差方法的其他相关知识，为学习相关后续课程奠定基础。

　　测量平差作为测绘专业课程基础教材，以工作过程为导向设计了7个教学项目，以实际问题为载体构建了32个学习任务。教材编写坚持以"应用"为目的，以"必需、够用"为原则，从而满足学生职业生涯发展的需求，适应测绘、交通、建筑等工程单位测量岗位的要求。为使本教材具有较强的技能性、实用性和先进性，编写人员多次深入施工现场，与现场施工技术人员进行探讨，征求了部分测绘单位和施工单位专家的意见，力求突出高职高专教育的特点，注重理论与实践相结合，尤其强调学生实际动手能力的培养。

　　本教材由辽宁省交通高等专科学校谭立萍、云南锡业职业技术学院冯春菊、湖南安全技术职业学院邓桂凤担任主编；由广东工贸职业技术学院张齐周、湖南安全技术职业学院段宝霞、辽宁城市建设职业技术学院周佳佳、辽宁省交通高等专科学校孙艳崇、包头钢铁职业技术学院徐广飞、甘肃工业职业技术学院冀念芬担任副主编。全书由谭立萍负责统稿。

　　由于编者水平有限，书中难免存在缺点和疏忽，敬请读者批评指正。

目　　录

项目一　测量误差理论

任务 1.1　观测值与观测误差

1.1.1　观测值及其函数

测量平差基础是为测量平差奠定其理论基础，其主要任务是讲授测量平差的基本理论和基本方法，为进一步学习和研究测量平差打好基础。

误差理论的研究对象就是观测值，观测值就是通过观测得到的测量信息。

所谓测量观测值是指用一定的仪器、工具、传感器或其他手段获取的地球与其他实体的空间分布有关信息的数据。测量观测值可以是直接测量的结果，也可以是经过某种变换的结果。

根据测量方式，测量观测值可分为直接观测值和间接观测值。

直接观测值是指直接从仪器或量具上读出待测量的数值。例如，钢尺量距的读数，经纬仪或全站仪测某方位的度盘读数，水准测量中每一站的前、后视读数，都是直接观测值。然而，在测量工作中，有些未知量往往不能直接测得，而需要由其他直接观测值按一定的函数关系计算出来，这样的测量值称为间接观测值。这类例子很多，例如，水准测量中，高差 $h = a - b$ 就是关于直接观测值 a、b 的函数，这里的函数 h 就是间接观测值。

若观测值有 L_1、L_2、L_3、$\cdots$、L_n，可将它们表示成一个向量：

$$L = \begin{bmatrix} L_1 & L_2 & \cdots & L_n \end{bmatrix}^T$$

即称为观测向量。

一个量是否是直接观测值不是绝对的。随着科学技术的发展及测量仪器的改进，很多原来只能间接测量的量，现在可以直接测量了。在测量工作中，现在大多数所求的量还都是间接测量值，即观测值的函数。

1.1.2　观测误差

任何一个被观测的量，客观上总是存在着代表其真正大小的数值，简称真值。在测量工作中，由于测量仪器、外界条件、测量人员等诸多因素的影响，对某量的测量值不可能是无限精确的，即测量中的误差是不可避免的。我们把对某量（如某一个角度、某一段距离或某两点间的高差等）进行多次观测，所得的各次观测结果存在着的差异，实质上表现为每次测量所得观测值与该量真值之间的差值，称为测量误差，也称观测误差，即：

$$测量误差(\Delta) = 真值 - 观测值$$

测量误差存在于一切测量之中，贯穿于测量过程的始终。随着科学技术水平的不断提高，测量误差可以被控制得越来越小，但是却永远不会降低到零。

在实际测量工作中，往往会遇到某些量不是直接测定的。既然观测值一定存在误差，那么会导致观测值的函数也必然存在误差。例如，三角高程测量中，两点间的高差即为观测量竖直角与平距的函数。那么，观测量的误差是通过怎样的规律传递给函数的呢？这个规律就称为误差传播律，我们将在后续章节中具体阐述。

任务 1.2　误差分类

1.2.1　误差来源

观测误差产生的原因很多，概括起来有以下 3 个方面。

（1）测量仪器

测量工作通常是利用测量仪器进行的。由于每一种仪器只具有一定限度的精密度，因而使观测值的精密度受到了一定的限制。例如，用只刻有厘米分划的普通水准尺进行水准测量时，就难以保证在估读厘米以下尾数时完全正确无误；同时，仪器本身也有一定的误差，如水准仪的视准轴不平行于水准轴，水准尺的分划误差等。因此，使用这样的水准仪和水准尺进行观测，就会使水准测量的结果产生误差。同样，经纬仪、全站仪等的仪器误差也会使三角测量、导线测量的结果产生误差。

（2）观测者

由于观测者感觉器官的鉴别能力存在一定的局限性，所以在仪器的安置、照准、读数等方面都会产生误差。同时，观测者的工作态度和技术水平，也是对观测成果质量有直接影响的重要因素。

（3）外界条件

观测时所处的外界条件，如温度、湿度、风力、大气折光等因素，都会对观测结果直接产生影响。随着温度的高低、湿度的大小、风力的强弱及大气折光的不同，它们对观测结果的影响也随之不同，因而在这样的客观环境下进行观测，就必然使观测的结果产生误差。

上述测量仪器、观测者、外界条件 3 个方面的因素是引起观测误差的主要原因，因此把这 3 个方面因素综合起来称为观测条件。观测条件的好坏与观测成果的质量有着密切的联系。观测条件的优劣直接影响观测成果的质量，反之，观测成果的质量也反映观测条件的好坏。但是，不管观测条件如何，观测的结果都会受到上述因素的影响而产生这样或那样的误差。因此，测量中的误差是不可避免的。当然，在客观条件允许的限度内，观测者可以而且必须确保观测成果具有较高的质量。

我们把在同一观测条件下的观测称为等精度观测；反之，称为不等精度观测。而相应的观测值称为等精度观测值和不等精度观测值。

1.2.2　误差分类

观测误差按其对观测成果的影响性质，可分为粗差、系统误差、偶然误差 3 种。

（1）粗差

粗差就是测量中出现的错误，如读错、记错、照错等。这主要是由于工作中的粗心大意引起的。一般粗差值很大，不仅大大影响测量成果的可靠性，甚至会造成返工，给工作带来难以估量的损失。因此，必须采取适当的方法和措施，杜绝测量中出现粗差。

（2）系统误差

在相同的观测条件下，对某量进行一系列观测，若观测误差的符号及大小保持不变，或按一定的规律变化，这种误差称为系统误差。这种误差往往随着观测次数的增加而逐渐积累，且对测量成果质量影响特别显著。在实际工作中，应该采用各种方法来消除或减弱系统误差对观测成果的影响，达到实际上可以忽略不计的程度。

（3）偶然误差

在相同的观测条件下，对某量进行一系列观测，若观测误差的大小及符号都表现出偶然性，即从单个误差来看，该误差的大小及符号没有规律，但从大量误差的总体来看，具有一定的统计规律，这类误差称为偶然误差或随机误差。

例如，经纬仪测角误差是由照准误差、读数误差、外界条件变化所引起的误差和仪器本身不完善而引起的误差等综合的结果。而其中每一项误差又是由许多偶然因素所引起的小误差。例如，照准误差可能是由于照准部旋转不正确、脚架或觇标的晃动与扭转、风力风向的变化、目标的背影、大气折光等偶然因素影响而产生的小误差。因此，测角误差实际上是由许许多多微小误差项构成，而每项微小误差又随着偶然因素的影响不断变化，其数值的大小和符号的正负具有随机性。这样，由它们所构成的误差，就其个体而言，无论是数值的大小或符号的正负都是不能事先预知的。因此，把这种性质的误差称为偶然误差。

当观测值中剔除了粗差，排除了系统误差的影响，或者与偶然误差相比系统误差处于次要地位后，占主导地位的偶然误差就成了我们研究的主要对象。如何处理这些随机变量的偶然误差，是测量平差这一学科所要研究的主要内容。

1.2.3　粗差特点及其处理办法

粗差是一种大量级的观测误差，在测量成果中，是不允许粗差存在的。在观测数据中应设法避免出现粗差。

处理粗差的办法主要有以下两种：

①采用 3σ 准则。统计理论表明，测量值的偏差超过 3σ 的概率小于 1%。因此，可以认为偏差超过 3σ 的测量值是其他因素或过失造成的，为异常数据，应当剔除。

②进行必要的重复观测和多余观测，通过必要而又严格的检核、验算等方式均可发现粗差。国家的测绘机构制定的各类测量规范和细则，也能起到防止粗差出现和发现粗差的作用。

含有粗差的观测值都不能采用。因此，一旦发现粗差，该观测值必须舍弃或重测。尽管观测过程十分小心，粗差有时也在所难免。因此，如何在大量的观测数据中发现和剔除粗差，或在数据处理中削弱含粗差的观测值对平差成果的影响，是测绘界十分关注的课题之一。

1.2.4　系统误差

（1）系统误差规律

系统误差的特点是测量结果向一个方向偏离，其数值按一定规律变化，具有重复性、单向性。我们应根据具体的测量条件及系统误差的特点，找出产生系统误差的主要原因，采取适当措施降低它的影响。

系统误差的产生主要有以下几个方面：

1）仪器误差

这是由于仪器制造或校正不完善而造成的。例如，角度测量时经纬仪的视准轴不垂直于横轴而产生的视准轴误差，水准尺刻画不精确所引起的读数误差。

2）环境误差

外界环境（光线、温度、湿度、电磁场等）对测量仪器的影响等所产生的误差等。例如，测角时因大气折光而产生的角度误差。

3）理论误差（方法误差）

这是由于测量所依据的理论本身的近似性，或测量条件不能达到理论所规定的要求，或者是测量方法本身不完善所带来的误差。例如，钢尺量距时外界温度与仪器检定时温度不一致所引起的距离误差。

4）人为误差

这是由于观测者个人感官和运动器官反应或习惯的不同而产生的误差。例如，由于观测者照准目标时，总是习惯于偏向中央某一侧而使观测结果带有系统误差。

需要注意的是，由于系统误差总是使测量结果偏向一边，或者偏大，或者偏小，因此，多次测量求平均值并不能消除系统误差。

（2）系统误差的处理办法

消除和减少系统误差的方法一般有以下 3 种：

1）检校仪器把系统误差降低到最低程度。例如，每次水准测量前都要进行 i 角检验，对 i 角误差超限的，校正后才能用于观测。

2）观测方法和观测程序上采用必要的措施，限制或削弱系统误差的影响。这是消除系统误差的主要方法。

①如测水平角时采用盘左、盘右观测，并在每个测回起始方向上改变度盘的配置等；方向观测法测角时，为了检查水平度盘在观测过程中是否发生变动，计算归零误差。

②水准测量中，保证前后视距尽量相等，以减弱 i 角影响。在水准观测过程中，水准仪和水准标尺的自重对地面施加了一定荷载，随安置时间的延长会产生连续的沉降。因此，在一测站的观测过程中，须采用后—前—前—后的观测顺序减弱其影响。对于整条水准线路来说，应进行往返观测，并取往测高差与返测高差的中数作为一条线路最后的观测高差。这样做可以使得在观测过程中由仪器与标尺下沉所引起的观测高差大部分得到消除。另外，外业观测一测段设站时一定要设为偶数站，以消除标尺零点差。

3）找出产生系统误差的原因和规律，对观测值进行系统误差的改正。

例如，在钢尺量距中，某钢尺的注记长度为 30m，经鉴定后，它的实际长度为 30.016m，即每量一整尺，就比实际长度量少 0.016m，也就是每量一整尺段就有 +0.016m 的系统误差。这种误差的数值和符号是固定的，误差的大小与距离成正比，若丈量了 5 个整尺段，则长度误差为 $5 \times (+0.016) = +0.080m$。若用此钢尺丈量结果为 167.213m，则实际长度为：

$$167.213 + \frac{167.213}{30} \times 0.016 = 167.213 + 0.089 = 167.302m$$

因此，钢尺量距时，要计算尺长改正数对丈量结果进行改正，从而消除系统误差。

1.2.5 测量平差的任务

由于观测结果不可避免地存在着偶然误差的影响，在实际工作中，为了提高成果的质量，防止错误发生，通常要使观测值的个数多于未知量的个数，也就是要进行多余观测。例如，对一条导线边，丈量一次就可得出其长度，但实际上总要丈量两次或两次以上；一个平面三角形，只需要观测其中的两个内角，即可决定它的形状，但通常是观测 3 个内角。由于偶然误差的存在，通过多余观测，必然会发现在观测结果之间不相一致或不符合应有关系而产生的不符值。因此，必须对这些带有偶然误差的观测值进行处理，消除不符值，得到观测量最可靠的结果。由于这些带有偶然误差的观测值是一些随机变量，因此，可以根据概率统计的方法来求出观测量的最可靠结果，这就是测量平差的一个主要任务。测量平差的另一个主要任务是评定测量成果的精度，也就是考核测量成果的质量。

概括来说，测量平差的任务就是：

①对一系列带有观测误差的观测值，运用概率统计的方法来消除他们之间的不符值，求出未知量的最可靠值。

②评定测量成果的精度。

任务1.3 测量平差简史

测量平差与其他学科一样，是由于生产的需要而产生的，并在生产实践的过程中，随着科学技术的进步而发展。18 世纪末，在测量学、天文测量学等实践中提出如何消除由于观测误差引起的观测值之间矛盾的问题，即如何从带有误差的观测值中找到观测值的最优值。1794 年，年仅 17 岁的高斯（C. F. Gauss）首先提出了这个问题的解决方法——最小二乘法。他是根据偶然误差的 4 个特性，并以算术平均值为待求量的最或然值出发，导出了偶然误差的概率分布，给出了在最小二乘原理下求待定量最或然值的计算方法。当时，高斯没有正式发表这个方法。19 世纪初（1801 年），天文学家对刚发现的谷神星运行轨道的一段弧长进行了一系列观测，后来因故中止了。这就需要根据这些带有误差的观测结果求出该星运行的实际轨道。高斯用自己提出的最小二乘法解决了这个当时很大的难题，对谷神星运行轨道进行了预报，使天文学家又及时地找到了这颗彗星。1809 年，高斯才在《天体运动的理论》一书中正式发表了他的方法。在此之前的 1806 年，勒戎德尔（A. M. Legendre）发表了《决定彗星轨道的新方法》一文，从代数观点上也独立地提出了这个方法，并定名为最小二乘法。所以，后人称它为高斯－勒戎德尔方法。

自19世纪初到20世纪50~60年代的一百多年中，测量平差学者在基于最小二乘原理的平差方法上做了许多研究，提出了一系列解决各类测量问题的平差方法，并针对这一时期的计算工具的情况，提出了许多分组解算线性方程组的方法，达到了简化计算的目的。

自20世纪70年代开始，随着计算机技术的进步和生产实践中的高精度要求，测量平差得到了很大发展，主要表现在以下几方面。

①从单纯研究观测的偶然误差扩展到包含系统误差和粗差，在偶然误差理论的基础上，对误差理论及其相应测量平差理论和方法进行全方位研究，大大扩充了测量平差学科的研究领域和范围。

②1947年，铁斯特拉（T. M. Tienstra）提出了相关观测值的平差理论，限于当时计算条件，直到20世纪70年代以后才被广泛应用。相关平差的出现，使观测值的概念广义化了，将经典的最小二乘平差法推向更广泛的应用领域。

③高斯的最小二乘法，所选平差参数假设是非随机变量。随着测量技术的进步，需要解决的观测和平差参数均为随机变量的平差问题，20世纪60年代末提出并经70年代发展，产生了顾及随机参数的最小二乘平差方法。它起源于最小二乘内插和外推重力异常的平差问题，由克拉鲁（T. Krarup）于1969年取名为最小二乘滤波，也称为拟和推估法。

④高斯的最小二乘法是一种满秩平差问题，即平差时的法方程组是满秩的，方程组有唯一的解。1962年，迈赛尔（P. Meissl）提出针对非满秩平差问题的内制约束平差原理，后经20世纪70~80年代多位学者的深入研究，已经形成了一整套秩亏自由网平差的理论系统和多种解法，并广泛用于测量实践。

⑤随着微波测距技术在测量中的应用，经典平差中的定权理论和方法也有所革新。许多学者致力于将经典的先验定权方法改进为后验定权方法的研究。在20世纪80年代，方差-协方差估计理论已经形成，所提解法之多是其他课题所不及的。

⑥观测中既然包括系统误差，系统误差的特性、传播、检验、分析的理论研究自然展开，相应的平差方法也相应产生。例如，附有系统参数的平差法。为了检验系统误差的存在和影响，引进了数理统计学中的假设检验方法，结合平差对象和特点，测量学者发展了统计假设检验理论，提出了与平差同时进行的有效的检验方法。

⑦观测中有可能包含粗差，相应的误差理论也得到发展。其中最著名的是20世纪60年代后期荷兰的巴尔达（W. Baarda）教授提出的测量系统的数据探测法和可靠性理论，为粗差的理论研究和实用检验方法奠定了基础。到目前为止，已经形成了粗差定位、估计和检验等理论体系。处理粗差问题，一种途径是基于最小二乘法；另一种途径是放弃最小二乘法平差，提出了在数学中称为稳健估计的方法，或称为抗差估计。稳健估计理论和在测量平差中的应用还在深入研究中。

总之，自20世纪以来，特别是近十多年来，测量平差与误差理论得到了充分发展。这些研究成果在常规测量中的应用已经相当普遍，在近期的3S技术中出现的误差理论和测量平差问题也有新的内容，需要应用已有的理论和方法去解决。同时，更需要提出新的理论和方法，以适应当前和未来测量事业的发展。

习　题

1. 什么叫测量误差？产生测量误差的原因有哪些？
2. 偶然误差、系统误差各自有什么特性？举出系统误差和偶然误差的例子各5个。
3. 粗差的特点及处理办法？

项目二　精度指标与误差传播

任务2.1　偶然误差的规律性

偶然误差是一种随机变量。一组误差表面上没有规律性，但就总体来说具有一定的统计规律，即在相同观测条件下，大量偶然误差分布表现出一定的统计规律性。因此我们可以应用概率统计的方法来研究偶然误差的规律性。

大家都熟悉"抛硬币"的游戏，如果抛的次数较少，正、反面出现的频率是难以预计的事，可能是正面，也可能是反面。但是如果连续抛无数多次，正、反面出现的频率就会趋近相等，表现出统计规律性。

2.1.1　偶然误差的表示方法

任何一个观测量，客观上总是存在一个能代表其真正大小的数值，这个数值称为该观测量的真值。从概率和数理统计的观点看，当观测量仅含有偶然误差时，其数学期望就是它的真值。

（1）真误差

设进行了 n 次观测，各观测值为 L_1、L_2、$\cdots$、L_n，观测量的真值为 $\tilde{L}_1$、$\tilde{L}_2$、$\cdots$、$\tilde{L}_n$。由于各观测值都带有一定的误差，所以，每一个观测值的真值 $\tilde{L}_i$（或 $E(L_i)$）与观测值 L_i 之间必存在一个差数，设为：

$$\Delta_i = \tilde{L}_i - L_i \tag{2-1}$$

称 Δ_i 为真误差（在此仅包含偶然误差），有时简称为误差。若记：

$$\mathop{L}_{n,1} = \begin{bmatrix} L_1 & L_2 & \cdots & L_n \end{bmatrix}^T, \mathop{\tilde{L}}_{n,1} = \begin{bmatrix} \tilde{L}_1 & \tilde{L}_2 & \cdots & \tilde{L}_n \end{bmatrix}^T, \mathop{\Delta}_{n,1} = \begin{bmatrix} \Delta_1 & \Delta_2 & \cdots & \Delta_n \end{bmatrix}^T$$

则有：

$$\Delta = \tilde{L} - L \tag{2-2}$$

从概率论与数理统计的观点可知，当只含偶然误差时，可以以被观测值的数学期望表示该观测值的真值，即：

$$E(L) = \begin{bmatrix} E(L_1) & E(L_2) & \cdots & E(L_n) \end{bmatrix}^T = \begin{bmatrix} \tilde{L}_1 & \tilde{L}_2 & \cdots & \tilde{L}_n \end{bmatrix}^T = \tilde{L}$$

则有：

$$\Delta = E(L) - L \tag{2-3}$$

在此，我们用观测值的真值与观测值之差定义真误差，有些教材和文献用观测值与观测值的真值之差定义真误差。这两种定义方式仅仅是使真误差符号相反，对于后续各种计算公式的推导没有影响。

（2）误差分布表

在某测区，相同的条件下独立观测了 358 个三角形的全部内角，由于观测值带有偶然误差，故三内角观测值之和不等于其真值 180°。各个三角形内角和的真误差为：

$$\Delta_i = 180° - (L_1 + L_2 + L_3)_i \quad (i = 1,~2,~\cdots,~358)$$

式中：$(L_1 + L_2 + L_3)_i$ 表示各三角形内角和的观测值。

现取误差区间的间隔 $d\Delta$ 为 0.20″，将这一组误差按其正、负号与误差值的大小排列，统计误差出现在各区间内的个数 v_i，以及"误差出现在某个区间内"这一事件的频率 v_i/n（$n = 358$），其结果如表 2-1 所示。

表 2-1　某测区三角形内角和的误差分布

误差值 (″)	小于-1.60	-1.6	-1.4	-1.2	-1.0	-0.8	-0.6	-0.4	-0.2	0.0	0.2	0.4	0.6	0.8	1.0	1.2	1.4	1.6	大于1.6
个数	0	4	6	13	17	23	33	40	45	—	46	41	33	21	16	13	5	2	0
频率 (‰)	0	11	17	36	47	64	92	112	126	—	128	115	92	59	45	36	14	6	0
$\dfrac{v_i/n}{d\Delta}$ (10^{-3})	0	55	85	180	235	320	460	560	630	—	640	575	460	295	225	180	70	30	0

从表 2-1 可以看出，偶然误差具有以下性质：

①在一定的观测条件下，偶然误差的绝对值不会超过一定的限值，也称有界性。

②绝对值小的误差比绝对值大的误差出现的机会多，也称单峰性。

③绝对值相等的正、负误差出现的机会基本相等，也称对称性。

④偶然误差的算术平均值随着观测次数的无限增加而趋于零，也称补偿性。

（3）直方图法

上述例子误差的分布情况，除了采用表 2-1 的形式表达外，还可用直方图来表达。例如，以横坐标表示误差的大小，纵坐标表示各区间内误差出现的频率除以区间的间隔值，即 $\dfrac{v_i/n}{d\Delta}$，根据表 2-1 的数据绘制出图 2-1。此时，图中每一个误差区间上的长方条面积就代表误差出现在该区间内的频率，如图 2-1 中画斜线的长方条面积就代表误差出现在 0.4~0.6″ 区间内的频率为 0.092。这种图称为直方图，它形象地表示了误差分布情况。

（4）误差概率分布曲线——正态分布曲线

当在同一观测条件下，随着观测个数的无限增多，即 $n \to \infty$ 时，误差出现在各区间的频率也就趋于一个确定的数值，这就是误差出现在各区间的概率。就是说在一定的观测条件下，对应着一种确定的误差分布，若 $n \to \infty$，$d\Delta \to 0$，图 2-1 中各长方条顶边所形成的折线将变成如图 2-2 所示的一条光滑曲线。该曲线就是误差的概率分布曲线，或称误差分布曲线。

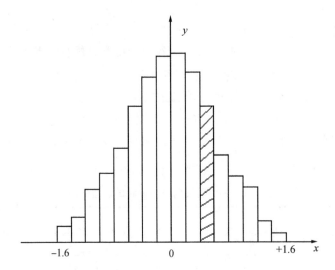

图 2-1　直方图

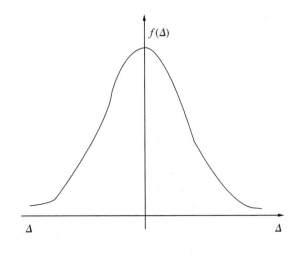

图 2-2　误差概率分布曲线

由此可见，偶然误差的频率分布随着 n 的逐渐增大，都是以正态分布为其极限的。通常也称偶然误差的频率分布为其经验分布，而将正态分布称为它们的理论分布，这样 Δ 的概率密度式为：

$$f(\Delta) = \frac{1}{\sqrt{2\pi}\sigma} e^{-\frac{\Delta^2}{2\sigma^2}}$$

式中：σ 为标准差，测量上称中误差。

而误差出现在某一区间内的概率 $P(\Delta)$ 为：

$$P(\Delta) = f(\Delta)d\Delta$$

2.1.2 偶然误差的分布特性

通过以上讨论，可以进一步用概率术语概括出偶然误差的几个特性：

①在一定的观测条件下，误差的绝对值有一定的限值，或者说，超出一定限值的误差其出现的概率为零。

②绝对值较小的误差比绝对值较大的误差出现的概率大。

③绝对值相等的正、负误差出现的概率相同。

④偶然误差的数学期望为零，即 $E(\Delta) = 0$，换句话说，偶然误差的理论平均值为零，即：

$$\lim_{n \to \infty} \frac{[\Delta]}{n} = 0 \tag{2-4}$$

式中：$[\Delta]$ 表示 $\sum_{i=1}^{n} \Delta_i$ 偶然误差的第 4 个特性是由前 3 个特性导出的。因为在大量的偶然误差中正、负误差有互相抵消的性能，当观测次数无限增加时，真误差的算术平均值必然趋向于零。

对于一系列的观测而言，无论其观测条件是好是差，也无论是对同一个量还是对不同的量进行观测，只要这些观测是在相同的条件下独立进行的，则所产生的一组偶然误差必然都具有上述的 4 个特性。掌握了偶然误差的特性，就能根据带有偶然误差的观测值求出未知量的最可靠值，并衡量其精度。同时，也可应用误差理论来研究最合理的测量工作方案和观测方法。

2.1.3 偶然误差的意义

（1）制定测量限差的依据

由偶然误差的有界性可知：在一定的观测条件下，若仅有偶然误差的影响，误差的绝对值必定会小于一定的限值。在实际工作中，就可依据观测条件确定一个误差限值，若观测值的误差绝对值小于该限值，则认为观测值合乎要求，否则应剔除或重测。

（2）判断系统误差（粗差）的依据

由偶然误差的对称性和偶然性可知，误差的理论平均值为零，即观测值的期望值为真值，观测值中不含有系统误差和粗差。若误差的理论平均值不为零，且数值较大，说明观测成果中含有系统误差和粗差。

任务2.2 衡量精度的指标

2.2.1 精度、准确度、精确度

（1）精度

评定测量成果的精度是测量平差的主要任务之一。为了正确理解精度的含义，我们先分

析上节的实例。

从图 2-1 所示的直方图中可以看出，误差分布较为密集的，其图形在纵轴附近的顶峰则较高，且由长方形所构成的阶梯比较陡峭；误差分布较为分散的，其图形在纵轴附近的顶峰则较低，且其阶梯较为平缓。这个性质同样反映在误差分布曲线的形态上，即有误差分布曲线较高而陡峭和误差分布曲线较低而平缓两种情形。

不难理解，误差分布密集的，即离散度较小时，则表示该组观测质量较好，也就是说该组观测精度高；反之，如果分布较为离散，即离散度大时，表示该组观测质量较差，也就是说，这一组观测精度较低。综上所述，精度是指在一定观测条件下，误差分布的密集或离散的程度。

另外，根据数学中方差的定义也可以知道，精度实际上反映的是该组观测值与其理论平均值（即数学期望）的接近程度。也可以说，精度是以观测值自身的平均值为标准的。从概率与数理统计的观点可知：当观测量仅含偶然误差时，其数学期望就是它的真值。在这种情况下，精度描述的是该组观测值与真值的接近程度，可以说它表示观测结果的偶然误差大小程度，是衡量偶然误差大小程度的指标。

（2）准确度

准确度是指随机变量 X 的真值 $\tilde{X}$ 与其数学期望 $E(X)$ 之差，即 $E(X)$ 的真误差，这是存在系统误差的情况。因此，准确度表征了观测结果系统误差大小的程度，是衡量系统误差大小程度的指标。准确度高，则随机变量 X 的数学期望偏离真值较小，测量的系统误差小，但数据较分散，偶然误差的大小不确定。

（3）精确度

精确度是精度和准确度的总称。指观测结果与其真值的接近程度，包括观测结果与其数学期望的接近程度和数学期望与其真值的偏差。精确度反映了偶然误差和系统误差联合影响的大小程度，是一个全面衡量观测质量的指标。精确度高，测量数据较集中在真值附近，测量的偶然误差及系统误差都比较小。当仅含偶然误差时，精确度就是精度。

可以用打靶实验来形象地说明精度、准确度和精确度这 3 个概念之间的区别。打靶可以看成是用枪对靶心进行"观测"。如图 2-3 所示，甲、乙、丙分别对（a）、（b）、（c）靶进行射击。

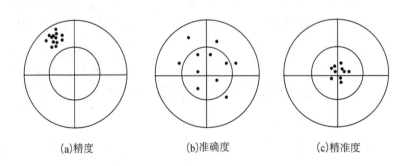

(a)精度　　　　　　(b)准确度　　　　　　(c)精准度

图 2-3　精度、准确度与精确度

如图 2-3 所示，（a）表示弹着点比较密集，但都偏离靶心，说明甲射击的精度高，但准确度较低，一定是某些因素影响（如准星偏）而产生了系统误差；（b）表示弹着点比较离散，但是它们的中心位置比较接近靶心，说明乙射击的准确度比甲高，但精度比甲较低；（c）表示弹着点比较集中于靶心，说明丙射击的精度和准确度都较高，即精确度较高。

2.2.2　精度指标

判断观测误差对观测结果的影响，必须建立衡量观测值精确度的标准。测量平差的研究对象是一系列含有误差的观测值。我们知道，当认为仅含偶然误差时，精确度就是精度，因此测量平差把精度作为衡量观测质量的指标。观测质量优劣或者说精度高低，可以按上节组成误差列表，绘制直方图、画出误差分布曲线的方法来比较，但在实际工作中比较麻烦，而且人们需要对精度有一个数字概念来说明误差分布的密集或离散的程度，作为衡量精度的指标。衡量精度的指标有很多种，下面介绍几种常用的精度指标。

（1）中误差

用 σ^2 表示误差分布的方差，偶然误差 Δ 的概率密度函数为：

$$f(\Delta) = \frac{1}{\sqrt{2\pi}\sigma} e^{-\frac{\Delta^2}{2\sigma^2}}$$

由方差的定义：$\sigma^2 = D(\Delta) = E(\Delta^2) - (E(\Delta))^2$，由于在此，$\Delta$ 主要包括偶然误差部分，$E(\Delta) = 0$，所以有：

$$\sigma^2 = D(\Delta) = E(\Delta^2) = \int_{-\infty}^{+\infty} \Delta^2 f(\Delta) d\Delta \tag{2-5}$$

σ 就是中误差：

$$\sigma = \sqrt{E(\Delta^2)} \tag{2-6}$$

不同的 σ 将对应着不同形状的分布曲线，σ 愈小，曲线愈为陡峭，σ 愈大，则曲线愈为平缓。σ 的大小可以反映精度的高低，所以常用中误差 σ 作为衡量精度的指标，σ 恒取"＋"值。

正态分布曲线具有两个拐点，它们在横轴上的坐标为 $X_{拐} = \mu_x \pm \sigma$，μ_x 为随机变量 x 的数学期望。对于偶然误差，由于其数学期望 $E(\Delta) = 0$，所以拐点在横轴上的坐标为：

$$\Delta_{拐} = \pm \sigma \tag{2-7}$$

如果在相同的条件下得到一组独立的观测误差，根据定积分的定义可以写出：

$$\sigma^2 = D(\Delta) = E(\Delta^2) = \int_{-\infty}^{+\infty} \Delta^2 f(\Delta) d\Delta \tag{2-8}$$

对于离散型：

$$\sigma^2 = D(\Delta) = E(\Delta^2) = \lim_{n \to \infty} \frac{[\Delta\Delta]}{n}$$

$$\sigma = \lim_{n \to \infty} \sqrt{\frac{[\Delta\Delta]}{n}} \tag{2-9}$$

方差是真误差平方（Δ^2）的数学期望，也就是 Δ^2 的理论平均值。在分布律为已知的情况下，$E(\Delta^2)$ 是一个确定的常数。或者说，方差 σ^2 是 $\frac{[\Delta\Delta]}{n}$ 的极限值，它们都是理论上的数值。实际上观测个数 n 总是有限的，由有限个观测值的真误差只能得到方差和中误差的估值，方差 σ^2 和中误差 σ 的估值分别用符号 $\hat{\sigma}^2$ 和 $\hat{\sigma}$ 表示，即：

$$\hat{\sigma}^2 = \frac{[\Delta\Delta]}{n}, \hat{\sigma} = \sqrt{\frac{[\Delta\Delta]}{n}} \tag{2-10}$$

这就是根据一组等精度独立真误差计算方差和中误差估值的基本公式。在后续的文字叙述中，在不需要特别强调"估值"意义的情况下，也将"中误差的估值"简称为"中误差"。

例 2-1　对同一个三角形用不同的仪器分两组各进行了 10 次观测，每次测得内角和的真误差 Δ 为：

第一组：$+3''$、$-3''$、$+4''$、$-2''$、$0''$、$+3''$、$-2''$、$+1''$、$-1''$、$0''$

第二组：$-1''$、$0''$、$+8''$、$+2''$、$-3''$、$-7''$、$0''$、$+1''$、$-2''$、$-1''$

求两组观测值的中误差，并比较其精度。

解：
$$\sigma_1 = \sqrt{\frac{3^2 + 3^2 + 4^2 + 2^2 + 0^2 + 3^2 + 2^2 + 1^2 + 1^2 + 0^2}{10}} = 1.3''$$

$$\sigma_2 = \sqrt{\frac{1^2 + 0^2 + 8^2 + 2^2 + 3^2 + 7^2 + 0^2 + 1^2 + 2^2 + 1^2}{10}} = 2.7''$$

由于 $\sigma_1 < \sigma_2$，说明第一组观测值的离散度小于第二组，故前者的观测精度高于后者。

中误差作为度量观测质量的"尺子"，在测量中形成各种各样的精度指标。例如，三级导线测量中规定测角中误差不超过 $12''$，测距中误差不超过 $15mm$；四等水准测量中规定每千米高差中数偶然中误差不超过 $5mm$；地形测量中地形图图上地物点相对于邻近图根点的点位中误差，一般地区不应超过 $0.8mm$；等等。上述角度中误差、测距中误差、点位中误差等都称为绝对误差。

（2）极限误差

中误差不是代表个别误差的大小，而是代表误差分布的离散度的大小。由中误差的定义可知，它是代表一组同精度观测误差平方平均值的平方根极限值，中误差愈小，即表示在该组观测中，绝对值较小的误差愈多。按正态分布表查得，在大量同精度观测的一组误差中，误差落在 $(-\sigma, +\sigma)$、$(-2\sigma, +2\sigma)$ 和 $(-3\sigma, +3\sigma)$ 的概率分别为：

$$\left.\begin{array}{l} P(-\sigma < \Delta < +\sigma) \approx 68.3\% \\ P(-2\sigma < \Delta < +2\sigma) \approx 95.5\% \\ P(-3\sigma < \Delta < +3\sigma) \approx 99.7\% \end{array}\right\} \tag{2-11}$$

公式（2-11）反映了中误差与真误差间的概率关系。绝对值大于中误差的偶然误差，其出现的概率为 31.7%；绝对值大于 2 倍中误差的偶然误差出现概率为 4.5%；而绝对值大于 3 倍中误差的偶然误差出现概率仅为 0.3%，这已经是概率接近于零的小概率事件，或者说是实际上的不可能事件。一般以 3 倍中误差作为偶然误差的极限值 $\Delta_{限}$，并称为极限误差。即：

$$\Delta_{限} = 3\sigma \tag{2-12}$$

实践中，也常采用 2σ 作为极限误差。例如，测量规范中的限差通常是以 2σ 作为极限误差的。在测量工作中，如果某误差超过了极限误差，那就可以认为它是错误的，相应的观测值应进行重测、补测或舍去不用。

（3）相对误差

衡量测量成果的精度，有时用中误差还不能完全表达观测结果的优劣。例如，用钢尺分别丈量两段距离，其结果为 100m 和 200m，中误差均为 2cm。显然，后者的精度比前者要高。也就是说观测值的精度与观测值本身的大小有关。相对误差是中误差的绝对值与观测值的比值。通常以分子为 1 的分数形式来表示，即：

$$K = \frac{\sigma}{L} = \frac{1}{L/\sigma} \tag{2-13}$$

如上述列举测量结果中，前者的相对误差 $K_1 = 0.020/100 = 1/5000$，后者的相对误差 $K_2 = 0.020/200 = 1/10\ 000$，说明后者比前者精度高。相对误差是个无名数，而真误差、中误差、容许误差是带有测量单位的数值。

对于真误差与极限误差，有时也用相对误差来表示。例如，用经纬仪进行导线测量时，规范中所规定的相对闭合差不能超过 1/2000，它就是相对极限误差；而在实测中所产生的相对闭合差，则是相对真误差。

例 2-2　观测了两段距离，分别为 1000m ± 2cm 和 500m ± 2cm。问：这两段距离的真误差是否相等？中误差是否相等？它们的相对精度是否相同？

解：这两段距离的真误差不相等。这两段距离中误差相等，均为 ±2cm。它们的相对精度不相同，前一段距离的相对中误差为 1/50 000，后一段距离的相对中误差为 1/25 000。

相对精度是对长度元素而言。如果不特别说明，相对精度是指相对中误差。角度元素没有相对精度。

（4）观测向量的精度表示

观测向量 L 的精度一般是用方差矩阵 D_{LL} 来表示，简称方差阵。观测向量方差阵的具体形式为：

$$D_{LL} = \begin{bmatrix} \sigma_1^2 & \sigma_{12} & \cdots & \sigma_{1n} \\ \sigma_{21} & \sigma_2^2 & \cdots & \sigma_{2n} \\ \cdots & \cdots & \cdots & \cdots \\ \sigma_{n1} & \sigma_{n2} & \cdots & \sigma_n^2 \end{bmatrix} \tag{2-14}$$

式中：主对角线上的元素为相应观测量的方差，表示其精度；其余元素为观测值相应的协方差，表示观测量之间的误差相关关系。有关方差上节已经有所陈述，下面介绍一下协方差。

协方差是用数学期望来定义的。设有观测值 X 和 Y，它们的协方差定义是：

$$\sigma_{xy} = E\big[(X - E(X))(Y - E(Y))\big] \tag{2-15}$$

$$\sigma_{xy} = E(\Delta_x \Delta_y) \tag{2-16}$$

式中：$\Delta_x = X - E(X)$ 和 $\Delta_y = Y - E(Y)$ 分别是 X 和 Y 的真误差。

设 Δ_{x_i} 是观测值 x_i 的真误差，Δ_{y_i} 是观测值 y_i 的真误差，而协方差 σ_{xy} 则是这两种真误差所有可能取值的乘积的理论平均值，即：

$$\sigma_{xy} = \lim_{n \to \infty} \frac{[\Delta_x \Delta_y]}{n} = \lim_{n \to \infty} \frac{1}{n}(\Delta_{x_1} \Delta_{y_1} + \Delta_{x_2} \Delta_{y_2} + \cdots + \Delta_{x_n} \Delta_{y_n})$$

实际上 n 总是有限值，所以也只能求得它的估值，记为：

$$\hat{\sigma}_{xy} = \frac{\left[\Delta_x \Delta_y \right]}{n} \tag{2-17}$$

如果协方差 $\sigma_{xy}=0$，表示这两个（或两组）观测值的误差之间互不影响，或者说，它们的误差是不相关的，并称这些观测值为不相关观测值；如果协方差不为零，则表示它们的误差之间是相关的，称这些观测值是相关观测值。由于在测量上所涉及的观测值和观测误差都是服从正态分布的随机变量，对于正态随机变量而言，"不相关"与"独立"是等价的，所以把不相关观测值也称为独立观测值，同样，把相关观测值也称为不独立观测值。

如果各观测向量相互间均不相关，则所有非对角线元素 $\sigma_{ij}=0$，D_{LL} 为对角阵。即：

$$D_{LL} = \begin{bmatrix} \sigma_1^2 & 0 & \cdots & 0 \\ 0 & \sigma_2^2 & \cdots & 0 \\ \cdots & \cdots & \cdots & \cdots \\ 0 & 0 & \cdots & \sigma_n^2 \end{bmatrix} \tag{2-18}$$

任务2.3　误差传播律

2.3.1　线性函数协方差传播律

（1）观测值线性函数的方差

设有观测值向量 X，其数学期望为 μ_X，协方差阵为 D_{XX}，即：

$$X = \begin{bmatrix} X_1 \\ X_2 \\ \vdots \\ X_n \end{bmatrix}, \mu_X = \begin{bmatrix} \mu_1 \\ \mu_2 \\ \vdots \\ \mu_n \end{bmatrix} = \begin{bmatrix} E(X_1) \\ E(X_2) \\ \vdots \\ E(X_n) \end{bmatrix} = E(X), D_{XX} = \begin{bmatrix} \sigma_1^2 & \sigma_{12} & \cdots & \sigma_{1n} \\ \sigma_{21} & \sigma_2^2 & \cdots & \sigma_{2n} \\ \cdots & \cdots & \cdots & \cdots \\ \sigma_{n1} & \sigma_{n2} & \cdots & \sigma_n^2 \end{bmatrix} \tag{2-19}$$

式中：σ_i^2 为 X_i 的方差，σ_{ij} 为 X_i 和 X_j 的协方差，又设有 X 的线性函数为：

$$Z = k_1 X_1 + k_2 X_2 + \cdots + k_n X_n + k_0$$

令 $K = \begin{bmatrix} k_1 & k_2 & \cdots & k_n \end{bmatrix}$，则：

$$\underset{1,1}{Z} = \underset{1,n}{K} \underset{n,1}{X} + \underset{1,1}{k_0} \tag{2-20}$$

对公式（2-20）两边取数学期望：

$$E(Z) = E(KX + k_0) = KE(X) + k_0 = K\mu_X + k_0 \tag{2-21}$$

Z 的方差为：

$$\begin{aligned} D_{ZZ} &= E\left[(Z - E(Z))(Z - E(Z))^T \right] \\ &= E\left[(KX + k_0 - K\mu_X - k_0)(KX + k_0 - K\mu_X - k_0)^T \right] \\ &= E\left[K(X - \mu_X)(X - \mu_X)^T K^T \right] \\ &= KE\left[(X - \mu_X)(X - \mu_X)^T \right] K^T \end{aligned}$$

即：

$$D_{ZZ} = \sigma_Z^2 = KD_{XX}K^T \tag{2-22}$$

D_{ZZ} 的纯量形式：

$$D_{ZZ} = \sigma_Z^2 = k_1^2\sigma_1^2 + k_2^2\sigma_2^2 + \cdots + k_n^2\sigma_n^2 + 2k_1k_2\sigma_{12} + 2k_1k_3\sigma_{13} + \cdots +$$
$$2k_1k_n\sigma_{1n} + \cdots + 2k_{n-1}k_n\sigma_{n-1,n} \tag{2-23}$$

当向量中的各分量 $X_i(i=1,2,\cdots,n)$ 两两独立时，它们之间的协方差 $\sigma_{ij}=0$，此时上式为：

$$D_{ZZ} = \sigma_Z^2 = k_1^2\sigma_1^2 + k_2^2\sigma_2^2 + \cdots + k_n^2\sigma_n^2 \tag{2-24}$$

公式（2-22）、公式（2-23）、公式（2-24）称为协方差传播律。

例 2-3　在 1:500 的图上，量得某两点间的距离 $d=23.4$mm，d 量测中的误差 $\sigma_d=0.2$mm，求该两点实地距离 S 及中误差 σ_S。

解： $S = 500d = 500 \times 23.4 = 11\ 700$mm $= 11.7$m

$\sigma_S^2 = 500^2\sigma_d^2$

$\sigma_S = 500\sigma_d = 500 \times 0.2 = 100$mm $= 0.1$m

最后写成：$S = 11.7$m ± 0.1m。

（2）多个观测值线性函数的协方差阵

设有观测值向量 $\underset{n,1}{X}$，X 的数学期望和协方差阵分别为 μ_X 和 D_{XX}，则有：

$$X = \begin{bmatrix} X_1 \\ X_2 \\ \vdots \\ X_n \end{bmatrix}, \mu_X = \begin{bmatrix} \mu_{X_1} \\ \mu_{X_2} \\ \vdots \\ \mu_{Xn} \end{bmatrix} = \begin{bmatrix} E(X_1) \\ E(X_2) \\ \vdots \\ E(X_n) \end{bmatrix}, D_{XX} = \begin{bmatrix} \sigma_{X_1}^2 & \sigma_{X_1X_2} & \cdots & \sigma_{X_1X_n} \\ \sigma_{X_2X_1} & \sigma_{X_2}^2 & \cdots & \sigma_{X_2X_n} \\ \cdots & \cdots & \cdots & \cdots \\ \sigma_{X_nX_1} & \sigma_{X_nX_2} & \cdots & \sigma_{X_n}^2 \end{bmatrix}$$

若有 X 的 t 个线性函数：

$$\left. \begin{array}{c} Z_1 = k_{11}X_1 + k_{12}X_2 + \cdots + k_{1n}X_n + k_{10} \\ Z_2 = k_{21}X_1 + k_{22}X_2 + \cdots + k_{2n}X_n + k_{20} \\ \cdots \\ Z_1 = k_{t1}X_1 + k_{t2}X_2 + \cdots + k_{tn}X_n + k_{t0} \end{array} \right\} \tag{2-25}$$

若令：$\underset{t,1}{Z} = \begin{bmatrix} Z_1 \\ Z_2 \\ \vdots \\ Z_t \end{bmatrix}$，$\underset{t,n}{K} = \begin{bmatrix} k_{11} & k_{12} & \cdots & k_{1n} \\ k_{21} & k_{22} & \cdots & k_{2n} \\ \cdots & \cdots & \cdots & \cdots \\ k_{t1} & k_{t2} & \cdots & k_{tn} \end{bmatrix}$，$\underset{t,1}{K_0} = \begin{bmatrix} k_{10} \\ k_{20} \\ \vdots \\ k_{t0} \end{bmatrix}$，则：

$$\underset{t,1}{Z} = \underset{t,n}{K}\ \underset{n,1}{X} + \underset{t,1}{K_0} \tag{2-26}$$

$$E(Z) = E(KX + K_0) = K\mu_X + K_0 \tag{2-27}$$

$$\underset{t,t}{D_{ZZ}} = E\left[(Z - E(Z))(Z - E(Z))^T \right]$$

$$= E\left[(KX - K\mu_X)(KX - K\mu_X)^T \right]$$

$$= KE\left[(X - \mu_X)(X - \mu_X)^T \right]K^T$$

即：

$$D_{\substack{ZZ\\t,t}} = K_{\substack{t,n}} D_{\substack{XX\\n,n}} K^T_{\substack{n,t}} \qquad (2-28)$$

设另有 X 的 s 个线性函数：

$$\left.\begin{array}{l} W_1 = f_{11}X_1 + f_{12}X_2 + \cdots + f_{1n}X_n + f_{10} \\ W_2 = f_{21}X_1 + f_{22}X_2 + \cdots + f_{2n}X_n + f_{20} \\ \cdots \\ W_s = f_{s1}X_1 + f_{s2}X_2 + \cdots + f_{sn}X_n + f_{s0} \end{array}\right\} \qquad (2-29)$$

令：$W_{\substack{s,1}} = \begin{bmatrix} W_1 \\ W_2 \\ \vdots \\ W_s \end{bmatrix}$，$F_{\substack{s,r}} = \begin{bmatrix} f_{11} & f_{12} & \cdots & f_{1n} \\ f_{21} & f_{22} & \cdots & f_{2n} \\ \cdots & \cdots & \cdots & \cdots \\ f_{s1} & f_{s2} & \cdots & f_{sn} \end{bmatrix}$，$F_{\substack{0\\s,1}} = \begin{bmatrix} f_{10} \\ f_{20} \\ \vdots \\ f_{s0} \end{bmatrix}$，即：

$$W = FX + F_0 \qquad (2-30)$$

$$E(W) = F\mu_x + F_0 \qquad (2-31)$$

$$D_{\substack{WW\\s,s}} = F_{\substack{s,n}} D_{\substack{XX\\n,n}} F^T_{\substack{n,s}} \qquad (2-32)$$

根据互协方差阵的定义：

$$\begin{aligned} D_{ZW} &= E\big[\,(Z - E(Z))(W - E(W))^T\,\big] \\ &= E\big[\,(KX + K_0 - K\mu_X - K_0)(FX + F_0 - F\mu_X - F_0)^T\,\big] \\ &= KE\big[\,(X - \mu_X)(Y - \mu_X)^T\,\big]F^T \\ &= K_{\substack{t,n}} D_{\substack{XX\\n,n}} F^T_{\substack{n,s}} \end{aligned} \qquad (2-33)$$

2.3.2 非线性函数协方差传播律

设观测值 $X_{\substack{n,1}}$ 的函数的一般形式为：

$$Z = f(X) \text{ 或 } Z = f(X_1, X_2, \cdots, X_n) \qquad (2-34)$$

我们在实际工作中，如果是非线性函数，往往要将非线性函数化成线性函数式，具体步骤如下：

假定观测值 X 有近似值：

$$X^0_{\substack{1,n}} = \begin{bmatrix} X^0_1 & X^0_2 & \cdots & X^0_n \end{bmatrix}^T$$

将函数式 $Z = f(X_1, X_2, \cdots, X_n)$ 按台劳级数在点 X^0_1、X^0_2、$\cdots$、X^0_n 处展开为：

$$Z = f(X^0_1, X^0_2, \cdots, X^0_n) + \left(\frac{\partial f}{\partial X_1}\right)_0 (X_1 - X^0_1) +$$

$$\left(\frac{\partial f}{\partial X_2}\right)_0 (X_2 - X^0_2) + \cdots + \left(\frac{\partial f}{\partial X_n}\right)_0 (X_n - X^0_n) + (二次以上项) \qquad (2-35)$$

式中：$\left(\frac{\partial f}{\partial X_i}\right)_0$ 是函数对各个变量所取的偏导数，并以近似值 X^0 代入所算得的数值，它们都是常数，当 X^0 与 X 非常接近时，公式（2-35）中二次以上各项很微小，可以略去，将公式

（2-35）写为：

$$Z = \left(\frac{\partial f}{\partial X_1}\right)_0 X_1 + \left(\frac{\partial f}{\partial X_2}\right)_0 X_2 + \cdots + \left(\frac{\partial f}{\partial X_n}\right)_0 X_n +$$

$$f(X_1^0, X_2^0, \cdots, X_n^0) - \sum_{i=1}^{n} \left(\frac{\partial f}{\partial X_i}\right)_0 X_i^0 \tag{2-36}$$

令：

$$K = \begin{bmatrix} k_1 & k_2 & \cdots & k_n \end{bmatrix} = \begin{bmatrix} \left(\frac{\partial f}{\partial X_1}\right)_0 & \left(\frac{\partial f}{\partial X_2}\right)_0 & \cdots & \left(\frac{\partial f}{\partial X_n}\right)_0 \end{bmatrix}$$

$$k_0 = f(X_1^0, X_2^0, \cdots, X_n^0) - \sum_{i=1}^{n} k_i X_i^0$$

得：

$$Z = k_1 X_1 + k_2 X_2 + \cdots + k_n X_n + k_0 = KX + k_0 \tag{2-37}$$

这样，就将非线性函数式化成了线性函数式。

如果我们换一种思路，引入高等数学变量和函数微分的知识，变量误差与函数误差之间的关系，可近似地用函数的全微分来表示。即令：

$$\mathrm{d}X_i = X_i - X_i^0, (i = 1, 2, \cdots, n)$$

$$\mathrm{d}X = \begin{pmatrix} \mathrm{d}X_1 & \mathrm{d}X_2 & \cdots & \mathrm{d}X_n \end{pmatrix}^T$$

$$\mathrm{d}Z = Z - Z^0 = Z - f(X_1^0, X_2^0, \cdots, X_n^0)$$

则公式（2-37）可写为：

$$\mathrm{d}Z = \left(\frac{\partial f}{\partial X_1}\right)_0 \mathrm{d}X_1 + \left(\frac{\partial f}{\partial X_2}\right)_0 \mathrm{d}X_2 + \cdots + \left(\frac{\partial f}{\partial X_n}\right)_0 \mathrm{d}X_n = K\mathrm{d}X \tag{2-38}$$

可见，公式（2-38）是非线性函数公式（2-34）的全微分。

因此，以后非线性函数线性化时，只要对非线性函数按公式（2-38）全微分就行了，而不必用台劳级数展开。

2.3.3　协方差传播律的应用步骤

应用协方差传播律的实际步骤为：

①按要求写出函数式，如：$Z_i = f_i(X_1, X_2, \cdots, X_n)$，$(i = 1, 2, \cdots, t)$。

②如果为非线性函数，则对函数式求全微分，得：

$$\mathrm{d}Z_i = \left(\frac{\partial f_i}{\partial X_1}\right)_0 \mathrm{d}X_1 + \left(\frac{\partial f_i}{\partial X_2}\right)_0 \mathrm{d}X_2 + \cdots + \left(\frac{\partial f_i}{\partial X_n}\right)_0 \mathrm{d}X_n, \ (i = 1, 2, \cdots, t)$$

③写成矩阵形式：$Z = KX$ 或 $\mathrm{d}Z = K\mathrm{d}X$。

④应用协方差传播律求方差或协方差阵。

按最小二乘法进行平差，其主要内容之一是评定精度，即评定观测值及观测值函数的精度。协方差传播律正是用来求观测值函数的中误差和协方差的基本公式。在以后有关平差计算的几章中，都是以协方差传播律为基础，分别推导适用于不同平差方法的精度计算公式。

任务2.4   协方差传播律在测量上的应用

2.4.1   算术平均值的中误差

设对某量以同精度独立观测了 N 次，得观测值 L_1、L_2、$\cdots$、L_N，它们的中误差均等于 σ。求 N 个观测值的算术平均值的中误差。

首先明确在本问题中观测值是 L_1、L_2、$\cdots$、L_N，算术平均值为其函数，则它们的关系式为：

$$x = \frac{[L]}{N} = \frac{1}{N}L_1 + \frac{1}{N}L_2 + \cdots + \frac{1}{N}L_N \tag{2-39}$$

应用协方差传播律得：

$$\sigma_X^2 = \frac{1}{N^2}\sigma^2 + \frac{1}{N^2}\sigma^2 + \cdots + \frac{1}{N^2}\sigma^2 = \frac{\sigma^2}{N},$$

$$\sigma_X = \frac{\sigma}{\sqrt{N}} \tag{2-40}$$

即 N 个同精度独立观测值的算术平均值的中误差，等于各观测值的中误差除以 $\sqrt{N}$。

2.4.2   水准测量误差传播律

经 N 个测站测定 A、B 两水准点间的高差，其中第 i（$i = 1$，2，$\cdots$，N）站的观测高差为 h_i。求 A、B 两水准点间的总高差中误差。

首先明确本问题中观测值是每站高差，函数为其总高差。则 A、B 两水准点间的高差为：

$$h_{AB} = h_1 + h_2 + \cdots + h_N \tag{2-41}$$

设各测站观测高差是精度相同的独立观测值，其中误差均为 $\sigma_{站}$，$\sigma_{ij} = 0$（$i \neq j$）。应用协方差传播律，得：

$$\sigma_{h_{AB}}^2 = \sigma_{站}^2 + \sigma_{站}^2 + \cdots + \sigma_{站}^2 = N\sigma_{站}^2$$

$$\sigma_{h_{AB}} = \sqrt{N}\sigma_{站} \tag{2-42}$$

若水准路线敷设在平坦的地区，前、后量测站间的距离 s 大致相等，设 A、B 间的距离为 S，则测站数 $N = S/s$，代入上式得：

$$\sigma_{h_{AB}} = \sqrt{\frac{S}{s}}\sigma_{站}$$

如果 $S = 1\mathrm{km}$，s 以 km 为单位，则 1 千米的测站数为：

$$N_{千米} = \frac{1}{s}$$

而 1 千米观测高差的中误差即为：

$$\sigma_{千米} = \sqrt{\frac{1}{s}}\sigma_{站}$$

所以，距离为 S 千米的 A、B 两点的观测高差的中误差为：

$$\sigma_{h_{AB}} = \sqrt{S}\sigma_{千米} \tag{2-43}$$

公式（2-42）和公式（2-43）是水准测量中计算高差中误差的基本公式。

可见，当各测站高差的观测精度相同时，水准测量高差的中误差与测站数的平方根成正比；当各测站的距离大致相等时，水准测量高差的中误差与距离的平方根成正比。

2.4.3 方位角误差传播律

一条支导线，同精度独立观测其 N 个转折角（全部为左角）β_1、β_2、$\cdots$、β_N，它们的中误差均为 σ_β。则求第 N 条导线边的坐标方位角 α_N。

首先明确本问题中转折角 β 为观测量，坐标方位角 α_N 为其函数，则函数式为：

$$\alpha_N = \alpha_0 + \beta_1 + \beta_2 + \beta_N - N \times 180° \tag{2-44}$$

式中：α_0 为已知坐标方位角，设为无误差。

则由协方差传播率得第 N 条边的坐标方位角的中误差为：

$$\sigma_{AN} = \sqrt{N}\sigma_\beta \tag{2-45}$$

公式（2-45）表明，支导线中第 N 条导线边的坐标方位角的中误差，等于各转折角的中误差的 $\sqrt{N}$ 倍。

2.4.4 极坐标误差传播律

全站仪平面坐标测量原理是应用极坐标测量方法，其待定点坐标计算公式如下：

$$x_P = x_B + s\cos(\alpha_{BA} + \beta), y_P = y_B + s\sin(\alpha_{BA} + \beta)$$

式中：x_B、y_B 和 α_{BA} 认为是无误差的，s 的方差为 σ_s^2，β 的方差为 σ_β^2，且 $\sigma_{S\beta} = 0$。求 $\sigma_{X_p}^2$、$\sigma_{Y_p}^2$、P 点点位方差。

首先明确已知式中观测值为转折角 β 和距离 s，坐标 x_p、y_p 是关于它们的函数。

已知式又是非线性函数式，则上式全微分得：

$$\begin{bmatrix} \mathrm{d}x_p \\ \mathrm{d}y_p \end{bmatrix} = \begin{bmatrix} \cos(\alpha_{BA}+\beta) & -s\sin(\alpha_{BA}+\beta)/\rho \\ \sin(\alpha_{BA}+\beta) & s\cos(\alpha_{BA}+\beta)/\rho \end{bmatrix} \begin{bmatrix} \mathrm{d}s \\ \mathrm{d}\beta \end{bmatrix} \tag{2-46}$$

应用协方差传播律得：

$$\begin{bmatrix} \sigma_{X_p}^2 & \sigma_{X_pY_p} \\ \sigma_{Y_pX_p} & \sigma_{Y_P}^2 \end{bmatrix} = \begin{bmatrix} \cos(\alpha_{BA}+\beta) & -\dfrac{s\sin(\alpha_{BA}+\beta)}{\rho} \\ \sin(\alpha_{BA}+\beta) & \dfrac{s\cos(\alpha_{BA}+\beta)}{\rho} \end{bmatrix} \begin{bmatrix} \sigma_s^2 & 0 \\ 0 & \sigma_\beta^2 \end{bmatrix} \times$$

$$\begin{bmatrix} \cos(\alpha_{BA}+\beta) & \sin(\alpha_{BA}+\beta) \\ -\dfrac{s\sin(\alpha_{BA}+\beta)}{\rho} & \dfrac{s\cos(\alpha_{BA}+\beta)}{\rho} \end{bmatrix}$$

$$\sigma_{X_p}^2 = (\cos(\alpha_{BA}+\beta))^2 \sigma_s^2 + \left(\dfrac{s\sin(\alpha_{BA}+\beta)}{\rho}\right)^2 \sigma_\beta^2$$

$$\sigma_{Y_p}^2 = (\sin(\alpha_{BA}+\beta))^2 \sigma_s^2 + \left(\dfrac{s\cos(\alpha_{BA}+\beta)}{\rho}\right)^2 \sigma_\beta^2$$

$$\sigma_{X_p Y_p} = \cos(\alpha_{BA} + \beta)\sin(\alpha_{BA} + \beta)\sigma_s^2 - \frac{s^2 \sin(\alpha_{BA} + \beta)\cos(\alpha_{BA} + \beta)}{\rho^2}\sigma_\beta^2 \qquad (2\text{-}47)$$

式中：ρ 用于角度与弧度的换算。如果 $d\beta$ 以弧度为单位，则该项不需要；若 $d\beta$ 以秒为单位，则 $\rho = 180°/\pi \approx 206\ 265''$。

在测量工作中，常用点位方差来衡量点的精度，点位方差等于该点在两个互相垂直方向上的方差之和，即：$\sigma_P^2 = \sigma_{X_p}^2 + \sigma_{Y_p}^2$。将 $\sigma_{X_p}^2$ 和 $\sigma_{Y_p}^2$ 代入，得：

$$\sigma_P^2 = \sigma_s^2 + \frac{s^2}{\rho^2}\sigma_\beta^2 \qquad (2\text{-}48)$$

通常称 σ_s^2 为纵向方差，它是由 BP 边长方差引起的。在 BP 边的垂直方向的方差 $\sigma_u^2 = \frac{s^2}{\rho^2}\sigma_\beta^2$ 称为横向方差，它是由 BP 边的坐标方位角的方差引起的。点位方差也可由 σ_s^2 和 σ_u^2 来计算。即：$\sigma_P^2 = \sigma_s^2 + \sigma_u^2$。

2.4.5　三角高程测量误差传播律

在三角高程测量中，两点间的高差为：

$$h = D \cdot \tan\alpha + i - v \qquad (2\text{-}49)$$

式中：i、v 分别为仪器高和觇标高，因为它们是用钢卷尺直接测量得到，误差相对较小，可以忽略。D 为两点间水平距离，α 为竖直角。

首先明确本问题中 D、α 均为观测值，设它们的中误差分别为 σ_D 和 σ_a。函数 h 的中误差设为 σ_h。则对公式（2-49）全微分得：

$$dh = \tan\alpha \cdot dD + \frac{D}{\rho}\sec^2\alpha \cdot d\alpha$$

应用误差传播律得：

$$\sigma_k^2 = \tan^2\alpha \cdot \sigma_0^2 + \left(\frac{D}{\rho}\sec^2\alpha\right)^2 \cdot \sigma_\alpha^2$$

则高差中误差为：

$$\sigma_h = \sqrt{\tan^2\alpha \cdot \sigma_D^2 + \left(\frac{D}{\rho}\sec^2\alpha\right)^2 \cdot \sigma_\alpha^2} \qquad (2\text{-}50)$$

任务2.5　权与定权的常用方法

2.5.1　权

方差是表示精度的一个绝对数字特征，一定的观测条件就对应着一定的误差分布，而一定的误差分布就对应着一个确定的方差（或中误差）。为了比较各观测值之间的精度，除了可以应用方差之外，还可以通过方差之间的比例关系来衡量观测值之间的精度的高低。这种表示各观测值方差之间比例关系的数字特征称之为权。权是表示精度的相对数字特征，在平差计算中起着很重要的作用。在实际测量工作中，平差计算之前，精度的绝对数字特征

（方差）往往是不知道的，而精度的相对数字特征（权）却可以根据事先给定的条件予以确定，然后根据平差的结果估算出表示精度的绝对数字指标（方差）。

（1）权的定义

设有观测值 $L_i(i=1,2,\cdots,n)$，它们的方差为 $\sigma_i^2(i=1,2,\cdots,n)$，选定任一常数 σ_0，定义观测值 L_i 的权为：

$$p_i = \frac{\sigma_0^2}{\sigma_i^2} \qquad\qquad (2\text{-}51)$$

由权的定义可知，观测值的权与其方差成反比。即方差愈小，其权愈大，精度愈高，或者说，精度愈高，其权愈大。因此，权同样可以作为比较观测值之间精度高低的一种指标。

由权的定义式可以写出各观测值权之间的比例关系为：

$$p_1 : p_2 : \cdots : p_n = \frac{\sigma_0^2}{\sigma_1^2} : \frac{\sigma_0^2}{\sigma_2^2} : \cdots : \frac{\sigma_0^2}{\sigma_n^2} = \frac{1}{\sigma_1^2} : \frac{1}{\sigma_2^2} : \cdots : \frac{1}{\sigma_n^2}$$

可见，对于一组观测值，其权之比等于相应方差的倒数之比。

在如图 2-4 所示的水准网中，h_1、h_2、h_3、h_4、h_5、h_6 是各路线的观测高差，$S_1=1.0\text{km}$、$S_2=2.0\text{km}$、$S_3=2.5\text{km}$、$S_4=4.0\text{km}$、$S_5=8.0\text{km}$、$S_6=10.0\text{km}$ 是各水准路线的长度。水准网中的所有水准路线都是按同一等级的水准测量规范技术要求进行观测的，一般可以认为每千米观测高差的精度是相同的，我们就可确定各条路线的权，而且不需要知道每千米观测值中误差的具体数值。

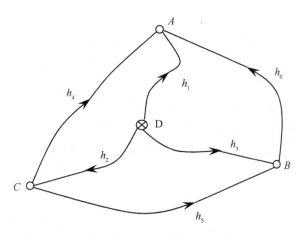

图 2-4　水准网

设每千米观测值高差的方差为 $\sigma_{千米}^2$，按协方差传播律，各水准路线的方差为：

$$\sigma_1^2 = S_1\sigma_{千米}^2, \sigma_2^2 = S_2\sigma_{千米}^2, \sigma_3^2 = S_3\sigma_{千米}^2,$$
$$\sigma_4^2 = S_4\sigma_{千米}^2, \sigma_5^2 = S_5\sigma_{千米}^2, \sigma_6^2 = S_6\sigma_{千米}^2$$

令 $\sigma_0^2 = \sigma_1^2$，按权的定义各路线观测值的权为：

$$p_1 = 1.00, p_2 = 0.50, p_3 = 0.4, p_4 = 0.25, p_5 = 0.125, p_6 = 0.1$$
$$p_1 : p_2 : p_3 : p_4 : p_5 : p_6 = 200 : 100 : 80 : 50 : 25 : 20 = 40 : 20 : 16 : 10 : 5 : 4$$

又令 $\sigma_0^2 = \sigma_6^2$，按权的定义各路线观测值的权为：

$$p_1 = 10.00, p_2 = 5.00, p_3 = 4.00, p_4 = 2.50, p_5 = 1.25, p_6 = 1.00$$

$$p_1:p_2:p_3:p_4:p_5:p_6 = 200:100:80:50:25:20 = 40:20:16:10:5:4$$

对于不同的 σ_0^2，得到的观测值的权是不相同的，通过权的大小可以反映各观测高差的精度高低。对于一组已知方差的观测值而言：

①选定了一个 σ_0^2 值，即有一组对应的权。或者说，有一组权，必有一个对应的 σ_0^2 值。

②一组观测值的权，其大小随 σ_0^2 的不同而异，但无论 σ_0^2 选用何值，权之间的比例关系始终不变。

③为了使权能起到比较精度高低的作用，在同一问题中只能选定一个 σ_0^2 值，否则就破坏了权之间的比例关系。

④事先给出一定的条件，就可以确定出观测值的权的数值。

⑤权是用来比较各观测值相互之间精度高低的，权的意义不在于其本身数值的大小，重要的是它们之间所存在的比例关系。

（2）单位权中误差

由权的定义可知，当权 $p_i = 1$ 时，$\sigma_i = \sigma_0$。可见，当权等于 1 时，其观测值的中误差必然等于 σ_0，或者说凡是中误差等于 σ_0 的观测值，其权必然等于 1。因此，我们把权等于 1 的观测值称为单位权观测值，权等于 1 的观测值的中误差称为单位权中误差，即 σ_0 是单位权中误差。

在确定一组同类元素观测值的权时，所选取的单位权中误差 σ_0 的单位是与观测值中误差的单位相同的，在这种情况下，权是一组无量纲的数值。在确定不同元素观测值的权时，所选取的单位权中误差 σ_0 的单位一般是与其中一类观测值中误差的单位相同，在这种情况下，权就不完全是一组无量纲的数值。例如，对于包含有角度元素和长度元素的两类观测值定权时，它们的中误差的单位分别为"秒"和"毫米"，若选单位权中误差与角度元素的中误差单位相同，在这种情况下，各个角度观测值的权是无单位的，而长度元素的权的单位则为"$(\text{″})^2/\text{mm}^2$"。

2.5.2 定权

在实际测量工作中，往往要根据事先给定的条件，首先确定出各观测值的权，也就是先确定它们精度的相对数字指标，然后通过平差计算，一方面求出各观测值的最可靠值，另一方面求出它们精度的绝对数字指标。下面将从权的定义式出发，介绍几种测量作业中常用的定权方法。

（1）水准测量的权

在如图 2-4 所示的水准网中，有 n（这里为 6）条水准路线，现测得各路线的观测高差为 h_1、h_2、$\cdots$、h_n，各路线的测站数分别为 N_1、N_2、$\cdots$、N_n。

①设每一测站观测高差的精度相同，其中误差均为 $\sigma_{\text{站}}$，则各路线观测高差的中误差为：

$$\sigma_i = \sqrt{N_i}\sigma_{\text{站}}, (i = 1, 2, \cdots, n) \tag{2-52}$$

设单位权中误差为：

$$\sigma_0 = \sqrt{C}\sigma_{\text{站}} \tag{2-53}$$

则第 i 条水准线路的权为：

$$p_i = \frac{\sigma_0^2}{\sigma_i^2} = \frac{C}{N_i} \tag{2-54}$$

即有当各测站的观测高差是同精度时，各路线的权与测站数成反比。

例 2-4　设在如图 2-4 所示的水准网中，已知各路线的测站数分别为 40、25、50、20、40、25。试确定各路线所测得的高差的权。

解：设 $C = 100$，则根据结论 $p_1 = \dfrac{C}{N_i}$ 有：

$$p_1 = 2.5, p_2 = 4, p_3 = 2, p_4 = 5, p_5 = 2.5, p_6 = 4$$

②设每千米的观测高差精度相同，其中误差均为 $\sigma_{\text{千米}}$，则各路线观测高差的中误差为：

$$\sigma_i = \sqrt{S_i}\sigma_{\text{千米}}, (i = 1, 2, \cdots, n) \tag{2-55}$$

设单位权中误差为：

$$\sigma_0 = \sqrt{C}\sigma_{\text{千米}} \tag{2-56}$$

则第 i 条水准线路的权为：

$$p_i = \frac{\sigma_0^2}{\sigma_i^2} = \frac{C}{S_i} \tag{2-57}$$

即有当每千米观测高差为同精度时，各路线观测高差的权与距离的千米数成反比。

例 2-5　设在如图 2-4 所示的水准网中，每千米观测高差的精度相同，若已知第 4 条路线的观测高差的权为 5。试确定其他路线所测得的高差的权。

解：根据 $p_4 = \dfrac{C}{S_4}$，得 $C = p_4 S_4 = 5 \times 4 = 200$，故：

$$p_1 = \frac{C}{S_1} = 20, p_2 = \frac{C}{S_2} = 10, p_3 = \frac{C}{S_3} = 8, p_5 = \frac{C}{S_5} = 2.5, p_6 = \frac{C}{S_6} = 2$$

在水准测量中，究竟用水准路线的距离定权，还是用测站数定权，取决于地形起伏情况。一般说来，地形起伏不大的地区，每千米的测站数大致相同，则可按水准路线的距离定权；而在起伏大的地区，每千米的测站数相差较大，则按测站数定权。

（2）三角高程测量的权

在三角高程测量中，两点间的高差为：

$$h = D \cdot \tan\alpha + i - v \tag{2-58}$$

式中：i、v 分别为仪器高和觇标高，它们是用钢卷尺直接测量得到，误差相对较小，可以忽略；D 为两点间水平距离，a 为竖直角，设它们的中误差分别为 σ_D 和 σ_α。则对公式（2-58）全微分得：

$$\mathrm{d}h = \tan\alpha \cdot \mathrm{d}D + \frac{D}{\rho}\sec^2\alpha \cdot \mathrm{d}\alpha$$

应用误差传播律得：

$$\sigma_h^2 = \tan^2\alpha \cdot \sigma_D^2 + \left(\frac{D}{\rho}\sec^2\alpha\right)^2 \cdot \sigma_a^2 \tag{2-59}$$

当竖直角 α 不大于 $5°$ 时，$\sec^2\alpha \approx 1$，而 $\tan\alpha \approx 0$，故上式中的第一项相对于第二项可以忽略不计。因此

$$\sigma_h^2 = \left(\frac{D}{\rho}\sec^2\alpha\right)^2 \cdot \sigma_\alpha^2 \approx \frac{D^2}{\rho^2}\sigma_\alpha^2 \tag{2-60}$$

若令 1km 的高差中误差为单位权中误差，即令：

$$\sigma_0^2 = \frac{1}{\rho^2}\sigma_\alpha^2 \tag{2-61}$$

则可得：

$$p_h = \frac{1}{D^2} \tag{2-62}$$

考虑到权的相对性，则有：

$$p_h = \frac{C^2}{D^2} \tag{2-63}$$

即三角高程测量的权，与两点间距离的平方成反比。

（3）算术平均值的权

设有 L_1、L_2、$\cdots$、L_n，它们分别是 N_1、N_2、$\cdots$、N_n 次同精度观测值的平均值，若每次观测的中误差均为 σ，则 L_1 的中误差为：

$$\sigma_i = \frac{\sigma}{\sqrt{N_i}}, (i = 1, 2, \cdots, n) \tag{2-64}$$

取：

$$\sigma_0^2 = \frac{\sigma^2}{C} \tag{2-65}$$

则观测值 L_i 的权为：

$$p_i = \frac{\sigma_0^2}{\sigma_i^2} = \frac{N_i}{C}, (i = 1, 2, \cdots, n)$$

即由不同次数的同精度观测值所算得的算术平均值，其权与观测次数成正比。

以上几种常用定权方法的共同特点是，虽然它们都是以权的定义式为依据，但是在实际定权时，并不需要知道各观测值方差的具体数字，而只要应用测站数、千米数等就可以定权了。在用这些方法定权时，必须注意它们的前提条件。例如，用测站数来定测高差的权时，必须满足"每测站观测高差的精度均相等"这一前提条件，否则，就不能应用测站数定权公式。

任务2.6　协因数和协因数传播律

权是一种比较观测值之间精度高低的指标，同样可以用权来比较各个观测值函数之间的精度。由于前面是通过协方差的运算规律导出协方差传播律的，权又与方差成反比，所以可

以通过协方差传播律来导出观测值函数权的计算法则。在此引进协因数和协因数阵的概念，可以解决计算观测值函数权的问题。

2.6.1　协因数与协因数阵

设有观测值 L_i 和 L_j，权分别为 p_i 和 p_j，方差分别为 σ_i^2 和 σ_j^2，它们之间的协方差为 σ_{ij}，单位权方差为 σ_0^2。令：

$$Q_{ii} = \frac{1}{p_i} = \frac{\sigma_i^2}{\sigma_0^2}, Q_{jj} = \frac{1}{p_j} = \frac{\sigma_j^2}{\sigma_0^2}, Q_{ij} = \frac{\sigma_{ij}}{\sigma_0^2} \tag{2-66}$$

或写为：

$$\sigma_i^2 = \sigma_0^2 Q_{ii}, \sigma_j^2 = \sigma_0^2 Q_{jj}, \sigma_{ij} = \sigma_0^2 Q_{ij} \tag{2-67}$$

式中：Q_{ii} 为 L_i 的协因数或权倒数，Q_{jj} 为 L_j 的协因数或权倒数，Q_{ij} 为 L_i 关于 L_j 的协因数或相关权倒数。由上式可知，观测值的协因数 Q_{ii} 和 Q_{jj}（权倒数）与方差成正比，而协因数 Q_{ij}（相关权倒数）与协方差成正比。协因数 Q_{ii} 和 Q_{jj} 与权 P_i 和 P_j 有类似的作用，它们是比较观测值精度高低的一种指标；而协因数 Q_{ij} 是比较观测值之间相关程度的一种指标。

现在我们把协因数的概念扩充。设有观测值向量（或者是观测值函数向量）X 和 Y，它们的方差阵分别为 $\underset{n,n}{D_{XX}}$ 和 $\underset{r,r}{D_{YY}}$，X 关于 Y 的互协方差阵为 $\underset{n,r}{D_{XY}}$，单位权方差为 σ_0^2。令：

$$\underset{n,n}{Q_{XX}} = \frac{1}{\sigma_0^2} D_{XX}, \underset{r,r}{Q_{YY}} = \frac{1}{\sigma_0^2} D_{YY}, \underset{n,r}{Q_{XY}} = \frac{1}{\sigma_0^2} D_{XY} \tag{2-68}$$

或写为：

$$D_{XX} = \sigma_0^2 Q_{XX}, D_{YY} = \sigma_0^2 Q_{YY}, D_{XY} = \sigma_0^2 Q_{XY} \tag{2-69}$$

式中：Q_{XX} 为 X 的协因数阵，Q_{YY} 为 Y 的协因数阵，Q_{XY} 为 X 关于 Y 的互协因数阵。协因数阵 Q_{XX} 中的主对角线元素就是各个 X_i 的权倒数，非主对角线元素是 X_i 关于 $X_j (i \neq j)$ 的相关权倒数；Q_{XY} 中的元素就是 X_i 关于 Y_i 的相关权倒数。也称 Q_{XX} 为 X 的权逆阵，Q_{YY} 为 Y 的权逆阵，互协因数阵 Q_{XY} 为 X 关于 Y 的相关权逆阵。特别地，当 $Q_{XY} = Q_{YX}^T = 0$ 时，X 和 Y 是互相独立的观测值向量；当 $Q_{XY} = Q_{YX}^T \neq 0$ 时，X 和 Y 是相关的观测值向量。

设有独立观测值 $X_i (i = 1, 2, \cdots, n)$，其方差为 σ_i^2，权为 p_i，单位权方差为 σ_0^2。

$$\underset{n,1}{X} = \begin{bmatrix} X_1 \\ X_2 \\ \vdots \\ X_n \end{bmatrix}, \underset{n,n}{D_{XX}} = \begin{bmatrix} \sigma_1^2 & 0 & \cdots & 0 \\ 0 & \sigma_2^2 & \cdots & 0 \\ \cdots & \cdots & \cdots & \cdots \\ 0 & 0 & 0 & \sigma_n^2 \end{bmatrix}, \underset{n,n}{P_{XX}} = \begin{bmatrix} P_1 & 0 & \cdots & 0 \\ 0 & P_2 & \cdots & 0 \\ \cdots & \cdots & \cdots & \cdots \\ 0 & 0 & \cdots & P_n \end{bmatrix}$$

X 的协因数阵为：

$$Q_{XX} = \frac{1}{\sigma_0^2} D_{XX} = \begin{bmatrix} \dfrac{\sigma_1^2}{\sigma_0^2} & 0 & \cdots & 0 \\ 0 & \dfrac{\sigma_2^2}{\sigma_0^2} & \cdots & 0 \\ \cdots & \cdots & \cdots & \cdots \\ 0 & 0 & 0 & \dfrac{\sigma_n^2}{\sigma_0^2} \end{bmatrix} = \begin{bmatrix} \dfrac{1}{p_1} & 0 & \cdots & 0 \\ 0 & \dfrac{1}{p_2} & \cdots & 0 \\ \cdots & \cdots & \cdots & \cdots \\ \cdots & \cdots & \cdots & \dfrac{1}{p_n} \end{bmatrix}$$

则有：

$$\left.\begin{array}{l} P_{XX} = Q_{XX}^{-1} \\ P_{XX} Q_{XX} = I \end{array}\right\} \tag{2-70}$$

式中：P_{XX} 为 X 的权阵。当 Q_{XX} 是对角阵时，权阵 P_{XX} 的主对角线元素是 X_i 的权；当 Q_{XX} 是非对角阵时，权阵 P_{XX} 的主对角线元素不再是 X_i 的权，权阵 P_{XX} 的各个元素也不再有权的意义。

但是，相关观测值向量的权阵在平差计算中，同样也能起到同独立观测值向量的权阵一样的作用，即它们之间的比例关系与观测值权之间的比例关系相同。若求观测值的权，要先求出相应的协因数阵，再利用观测值的权与协因数互为倒数关系来求。

2.6.2　协因数传播律

由协因数阵定义可知，协因数阵可以由协方差阵乘上常数 $1/\sigma_0^2$ 得到。根据协方差传播律，我们可以方便地得到由观测向量的协因数阵求其函数的协因数阵的计算公式，从而也就得到了函数的权。

设有观测值向量 X 的线性函数：

$$\left.\begin{array}{l} Z = KX + K_0 \\ W = FX + F_0 \end{array}\right\} \tag{2-71}$$

X 的协因数阵为 Q_{XX}，K、K_0、F、F_0 为常系数阵，求导出 Q_{ZZ}、Q_{WW}、Q_{ZW}、Q_{WZ} 的公式。

假设单位权方差为 σ_0^2，X 的方差阵为 D_{XX}，由协方差传播律，并顾及协因数阵与协方差阵的关系式，得：

$$\left.\begin{array}{l} D_{ZZ} = KD_{XX}K^T \\ D_{WW} = FD_{XX}F^T \\ D_{ZW} = KD_{XX}K^T \\ D_{WZ} = FD_{XX}K^T \end{array}\right\} , \left.\begin{array}{l} \sigma_0^2 Q_{ZZ} = K\sigma_0^2 Q_{XX}K^T = \sigma_0^2 KQ_{XX}K^T \\ \sigma_0^2 Q_{WW} = F\sigma_0^2 Q_{XX}F^T = \sigma_0^2 FQ_{XX}F^T \\ \sigma_0^2 Q_{ZW} = K\sigma_0^2 Q_{XX}F^T = \sigma_0^2 KQ_{XX}F^T \\ \sigma_0^2 Q_{WZ} = F\sigma_0^2 Q_{XX}K^T = \sigma_0^2 FQ_{XX}K^T \end{array}\right\} \tag{2-72}$$

$$\left.\begin{array}{l} Q_{ZZ} = KQ_{XX}K^T \\ Q_{WW} = FQ_{XX}F^T \\ Q_{ZW} = KQ_{XX}F^T \\ Q_{WZ} = FQ_{XX}K^T \end{array}\right\} \tag{2-73}$$

这就是观测值的协因数阵与其线性函数的协因数阵的关系式，通常称为协因数传播律，也称为权逆阵传播律。我们一般将协方差传播律与协因数传播律合称为广义传播律。

如果 Z 和 W 的各个分量是 X 的非线性函数：

$$Z = \begin{bmatrix} Z_1 \\ Z_2 \\ \vdots \\ Z_t \end{bmatrix} = \begin{bmatrix} f_{Z_1}(X_1, X_2, \cdots, X_n) \\ f_{Z_2}(X_1, X_2, \cdots, X_n) \\ \cdots \\ f_{Z_t}(X_1, X_2, \cdots, X_n) \end{bmatrix}, W = \begin{bmatrix} W_1 \\ W_2 \\ \vdots \\ W_r \end{bmatrix} = \begin{bmatrix} f_{W_1}(X_1, X_2, \cdots, X_n) \\ f_{W_2}(X_1, X_2, \cdots, X_n) \\ \cdots \\ f_{W_r}(X_1, X_2, \cdots, X_n) \end{bmatrix}$$

求 Z 和 W 的全微分，得：

$$\left.\begin{array}{c} \mathrm{d}Z = K\mathrm{d}X \\ \mathrm{d}W = F\mathrm{d}X \end{array}\right\}$$

式中：

$$K = \begin{bmatrix} \dfrac{\partial f_{Z_1}}{\partial X_1} & \dfrac{\partial f_{Z_1}}{\partial X_2} & \cdots & \dfrac{\partial f_{Z_1}}{\partial X_n} \\ \dfrac{\partial f_{Z_2}}{\partial X_1} & \dfrac{\partial f_{Z_2}}{\partial X_2} & \cdots & \dfrac{\partial f_{Z_2}}{\partial X_n} \\ \cdots & \cdots & \cdots & \cdots \\ \dfrac{\partial f_{Z_t}}{\partial X_1} & \dfrac{\partial f_{Z_t}}{\partial X_2} & \cdots & \dfrac{\partial f_{Z_t}}{\partial X_n} \end{bmatrix}, F = \begin{bmatrix} \dfrac{\partial f_{W_1}}{\partial X_1} & \dfrac{\partial f_{W_1}}{\partial X_2} & \cdots & \dfrac{\partial f_{W_1}}{\partial X_n} \\ \dfrac{\partial f_{W_2}}{\partial X_1} & \dfrac{\partial f_{W_2}}{\partial X_2} & \cdots & \dfrac{\partial f_{W_2}}{\partial X_n} \\ \cdots & \cdots & \cdots & \cdots \\ \dfrac{\partial f_{W_r}}{\partial X_1} & \dfrac{\partial f_{W_r}}{\partial X_2} & \cdots & \dfrac{\partial f_{W_r}}{\partial X_n} \end{bmatrix}$$

则 Z、W 的协因数阵 Q_{ZZ}、Q_{WW}、Q_{ZW} 等均可按协因数传播律计算。

对于独立观测值 $\underset{n,1}{L}$，假定各 L_i 的权为 P_i，则 L 的权阵、协因数阵（权逆阵）均为对角阵：

$$P_{LL} = \begin{bmatrix} P_1 & 0 & \cdots & 0 \\ 0 & P_2 & \cdots & 0 \\ \cdots & \cdots & \cdots & \cdots \\ 0 & 0 & \cdots & P_n \end{bmatrix}, Q_{LL} = \begin{bmatrix} Q_{11} & 0 & \cdots & 0 \\ 0 & Q_{22} & \cdots & 0 \\ \cdots & \cdots & \cdots & \cdots \\ 0 & 0 & \cdots & Q_{nn} \end{bmatrix} = \begin{bmatrix} \dfrac{1}{p_1} & 0 & \cdots & 0 \\ 0 & \dfrac{1}{p_2} & \cdots & 0 \\ \cdots & \cdots & \cdots & \cdots \\ 0 & 0 & \cdots & \dfrac{1}{p_n} \end{bmatrix}$$

设有函数：

$$Z = f(L_1, L_2, \cdots, L_n)$$

全微分得：

$$\mathrm{d}Z = \frac{\partial f}{\partial L_1}\mathrm{d}L_1 + \frac{\partial f}{\partial L_2}\mathrm{d}L_2 + \cdots + \frac{\partial f}{\partial L_n}\mathrm{d}L_n = K\mathrm{d}L \tag{2-74}$$

运用协因数传播律得：

$$Q_{ZZ} = KQ_{LL}K^T = \begin{bmatrix} \dfrac{\partial f}{\partial L_1} & \dfrac{\partial f}{\partial L_2} & \cdots & \dfrac{\partial f}{\partial L_n} \end{bmatrix} \begin{bmatrix} \dfrac{1}{p_1} & 0 & \cdots & 0 \\ 0 & \dfrac{1}{p_2} & \cdots & 0 \\ \cdots & \cdots & \cdots & \cdots \\ 0 & 0 & \cdots & \dfrac{1}{p_n} \end{bmatrix} \begin{bmatrix} \dfrac{\partial f}{\partial L_1} \\ \dfrac{\partial f}{\partial L_2} \\ \vdots \\ \dfrac{\partial f}{\partial L_n} \end{bmatrix}$$

$$Q_{ZZ} = \frac{1}{p_Z} = \left(\frac{\partial f}{\partial L_1}\right)^2 \frac{1}{p_1} + \left(\frac{\partial f}{\partial L_2}\right)^2 \frac{1}{p_2} + \cdots + \left(\frac{\partial f}{\partial L_n}\right)^2 \frac{1}{p_n} \tag{2-75}$$

这就是独立观测值的权倒数与其函数权倒数之间的关系式，通常称为权倒数传播律，它是协因数传播律的一种特殊情况。

协因数传播律与协方差传播律在形式上完全相同，因此，应用协因数传播律的实际步骤与应用协方差传播律的步骤相同。

例 2–6　设独立观测值 $L_i(i=1，2，\cdots，n)$ 的权均为 p，试求算术平均值 $x=\dfrac{[L]}{n}$ 的权 p_x。

$$x=\frac{[L]}{n}=\frac{1}{n}L_1+\frac{1}{n}L_2+\cdots+\frac{1}{n}L_n$$

由权倒数传播律得：

$$\frac{1}{p_x}=\frac{1}{n^2}\left(\frac{1}{p}+\frac{1}{p}+\cdots+\frac{1}{p}\right)=\frac{1}{n^2}\cdot\frac{n}{p}=\frac{1}{np}$$

从而可得：$p_x=np$

由例子可知：算术平均值之权等于观测值之权的 n 倍。

任务2.7　由真误差计算中误差

2.7.1　测角中误差

在一般情况下，观测量的真值（或数学期望）是不知道的，因此真误差就无法知道，也就不能利用公式（2–10）计算中误差的估值。然而，在某些情况下，由若干个观测量（如角度、长度、高差等）所构成的函数，其真值有时是已知的，因而其真误差也是可以求得的。例如，一个平面三角形，我们不知道其每个内角的真值，但是知道其三内角之和的真值为180°，那么，由三内角观测值算得的三角形闭合差就是三角形三内角和的真误差。这样就可以根据闭合差（真误差）求出三角形内角和的中误差，然后推算出实际作业中角度观测值的中误差。

设在一个三角网中，以同精度独立观测了三角形各内角分别为 a_i、b_i 和 $c_i(i=1，2，\cdots，$ $n)$，由各观测角值计算而得的三角形闭合差为 $w_1，w_2，\cdots，w_n$。因 $w_i=a_i+b_i+c_i-180°$，且每一个角度都是等精度观测值，则设角度观测值的中误差均为 σ_β。

由协方差传播律知：

$$\sigma_w^2=\sigma_\beta^2+\sigma_\beta^2+\sigma_\beta^2=3\sigma_\beta^2$$

即：

$$\sigma_w=\sqrt{3}\sigma_\beta \tag{2-76}$$

因为三角形闭合差是一组真误差，则根据公式（2–16）可知，三角形闭合差的中误差为：

$$\sigma_w=\lim_{n\to\infty}\sqrt{\frac{[ww]}{n}} \tag{2-77}$$

由于三角网中三角形个数 n 是有限的，则三角形闭合差的中误差估值为：

$$\hat{\sigma}_w=\sqrt{\frac{[ww]}{n}} \tag{2-78}$$

则由公式（2-76）和公式（2-78）可知测角中误差的估值为：

$$\hat{\sigma}_\beta = \sqrt{\frac{[ww]}{3n}} \tag{2-79}$$

公式（2-79）称为菲列罗公式，在传统的三角形测量中经常用它来初步评定测角的精度。

2.7.2　往返观测值的中误差

在测量工作中，常常对一系列被观测量分别进行成对的观测。例如，在水准测量中支水准路线必须往返观测，在支导线测量中每条边需观测两次等。

设对量 X_1、X_2、$\cdots$、X_n 同精度各观测两次，得独立观测值分别为 L_1'、L_2'、$\cdots$、L_n' 和 L_1''、L_2''、$\cdots$、L_n''。观测值 L_i' 和 L_i'' 是对同一量 X_i 的两次观测的结果，称为一个观测对。

若观测值不带有误差，则对同一个量的两个观测值的差值应为零，即双观测值之差的真值为零。但由于观测值带有误差，因此，每个量的两个观测值的差值一般是不等于零的，设第 i 个量的两个观测值的差数为 d_i，则有：

$$d_i = L_i' - L_i'', (i = 1, 2, \cdots, n) \tag{2-80}$$

则第 i 个量的两个观测值差数的真误差为：

$$\Delta d_i = d_i - 0 = d_i \tag{2-81}$$

可知：

$$\sigma_{\Delta d} = \sigma_d = \lim_{n \to \infty} \sqrt{\frac{[dd]}{n}} \tag{2-82}$$

设观测值的中误差均为 σ_L，由协方差传播律得：

$$\sigma_d = \sqrt{2}\sigma_L$$

即：

$$\sigma_L = \frac{\sigma_d}{\sqrt{2}} \tag{2-83}$$

当 n 为有限时：

$$\hat{\sigma}_L = \frac{\hat{\sigma}_d}{\sqrt{2}} = \sqrt{\frac{[dd]}{2n}} \tag{2-84}$$

若对每对观测值取其平均值，则根据协方差传播律得平均值 $X_i = \frac{L_i' + L_i''}{2}$ 的中误差为：

$$\hat{\sigma}_X = \frac{1}{2} = \sqrt{\frac{[dd]}{n}} \tag{2-85}$$

公式（2-84）和公式（2-85）分别是求同精度观测值中误差、算术平均值中误差的计算公式。

习　　题

1. 简述精度、准确度、精准度的区别与联系。

2. 试述中误差、极限误差、相对误差的含义与区别。

3. 观测值函数的中误差与观测值中误差存在什么关系?

4. 试述权与方差的区别与联系。

5. 在水准测量中,每一测站观测的中误差均为 ±3mm,要求从已知水准点推测待定点的高程中误差不大于 ±5mm,问最多只能设多少站?

6. 对于某一矩形场地,量得其长度 $a = 156.34\text{m} \pm 0.1\text{m}$,宽度 $b = 85.27\text{m} \pm 0.05\text{m}$,计算该矩形场地的面积 P 及其中误差 σ_p。

7. Z 为独立观测值 L_1、L_2、L_3 的函数,$Z = \dfrac{2}{9}L_1 + \dfrac{2}{9}L_2 + \dfrac{5}{9}L_3$,已知 L_1、L_2、L_3 的中误差为 $\sigma_1 = 3\text{mm}$,$\sigma_2 = 2\text{mm}$,$\sigma_3 = 1\text{mm}$,求函数 Z 的中误差 σ_Z。

8. 设有观测值 $X = \begin{bmatrix} X_1 & X_2 \end{bmatrix}^T$ 的两组函数:$\begin{bmatrix} Y_1 = X_1 - 2X_2^2 \\ Y_2 = 2X_1^2 + 3 \end{bmatrix}$,$\begin{bmatrix} Z_1 = 2X_1 + X_2 \\ Z_2 = 6X_2^2 + 5 \end{bmatrix}$。已知 $D_X = \begin{bmatrix} 2 & -1 \\ -1 & 2 \end{bmatrix}$,令 $Y = \begin{bmatrix} Y_1 & Y_2 \end{bmatrix}^T$,$Z = \begin{bmatrix} Z_1 & Z_2 \end{bmatrix}^T$,则试求 D_Y、D_Z、D_{YZ}。

9. 已知独立观测值 $\underset{2 \times 1}{L}$ 的方差阵 $D_L = \begin{bmatrix} 16 & 0 \\ 0 & 8 \end{bmatrix}$,其单位权方差 $\sigma_0^2 = 2$,试求权阵 P_L 及权 p_1 和 p_2。

10. 已知相关观测值 $\underset{2 \times 1}{L}$ 的方差阵 $D_L = \begin{bmatrix} 5 & -2 \\ -2 & 4 \end{bmatrix}$,其单位权方差 $\sigma_0^2 = 1$,试求权阵 P_L 及权 p_1 和 p_2。

11. 已知观测值向量 L,其协因数阵为单位阵。有如下方程:
$$V = BX - L, B^T BX - B^T L = 0, X = (B^T B)^{-1} B^T L, \hat{L} = L + V$$
式中:B 为已知的系数阵,$B^T B$ 为可逆矩阵。试求协因数阵 Q_{XX}、Q_{VV}、$Q_{\hat{L}\hat{L}}$。

12. 对 8 条边长做等精度双次观测,观测结果如表 2 - 2 所示。取每条边两次观测的算术平均值作为该边的最可靠值,求观测值中误差和每边最可靠值的中误差。

表 2 - 2　边长等精度两次观测值数据

编号	L' (m)	L'' (m)	d (mm)	dd
1	103.478	103.482	-4	16
2	99.556	99.534	+22	484
3	100.378	100.382	-9	81
4	101.763	101.742	+21	441
5	103.350	103.343	+7	49
6	98.885	98.876	+9	81
7	101.004	101.014	-10	100
8	102.293	102.285	+8	64
				$[dd] = 1316$

13. 在下列情况下用钢尺丈量距离，使量得的结果产生误差，试判别误差的性质与符号：

①尺长不准确；

②尺长检定过程中，尺长与标准尺长比较产生的误差；

③尺不水平；

④尺反曲或垂曲；

⑤尺端偏离直线方向；

⑥估读小数不准确。

项目三　平差数学模型与最小二乘原理

任务3.1　测量平差概述

3.1.1　必要观测

在测量工程中，最常见的是确定某些几何量的大小。例如，为了求定一些点的高程而建立水准网，为了求定某些点的坐标而建立平面控制网。前者的观测元素为高差，后者的观测值为角度和边长等元素。这些都是几何量，以下统称这些网为几何模型。

在一个模型中，如在一个高程网中，包含着点与点间的高差、点的高程等元素；又如，在一个平面网中包含着角度、边长、边的坐标等元素。但是，为了唯一地确定一个模型，必须要观测一些量，这些量的个数就称为观测数，用 n 表示；不需要知道其中所有元素的大小，只需要知道其中一部分元素的大小就可以了，这些元素成为必要观测数，用 t 表示；其余的称为多余观测数，用 r 表示。随着模型的不同，它所需要知道的元素个数和类型有所不同。因此，要唯一地确定某个模型，就必须弄清它最少需要几个元素及哪些类型的元素，也就是前面提到的必要观测。

①要确定如图 3-1（a）所示的三角形的形状，能唯一确定该模型的是两个元素，即其中任意两个角度的组合。例如，β_1、β_2，β_1、β_3 或 β_2、β_3 3 种组合中的 1 种，这两个角度即为唯一确定该模型的必要元素。

②如图 3-1（b）所示，假定 $\angle C$ 为已知角，即该角的值为固定值，为了唯一确定三角形的形状，则需要确定 β_1 或 β_2 中的任一个角度就行了。

③要确定如图 3-1（c）所示的三角形的形状和大小，就必须确定 3 个不同的元素，即任意的一边两角、任意的一角两边或是三边。在这 3 种情况中，都至少要包含一个边长，否则就只能确定其形状，而不能确定其大小。其中，前两种情况各有 9 种组合（三边中的任意一边和三角中的任意两角作为一个组合，或任意一角和任意两边作为一个组合），而后一种情况，只有一种组合。

④如图 3-1（d）所示，设为 $\angle C$ 已知角，为了唯一确定三角形的形状和大小，只要确定 5 个元素的 2 个元素，如一边一角（6 种组合）或两边（3 种组合）就行了，但不能是两角，否则就相当于图 3-1（a）中的情况，只能确定其形状，不能确定其大小。

⑤要确定如图 3-1（e）所示的三角形的形状、大小和它在一个特定（二维）坐标系中的位置和方向，则必须确定图中 15 个元素中的 6 个不同的元素。显然，这 6 个元素可以构成更多的组合情况，但无论哪一种组合，都至少要包含一个点的坐标（X、Y）和一条边的

方位角（T），这是确定其位置与方向不可缺少的元素。通常，将一个点的坐标和一个方位角称为外部配置的必要元素，它们的改变不影响该三角形的内部形状和大小。所以，当三角形中没有已知点和已知方位角时，有时也可以任意给定一个点的坐标和一条边的方位角，这就相当于将该三角形定位于某个给定的局部坐标系中。这样，除 3 个可以任意给定的元素，实际上只要确定 3 个元素（变量）就可以了。

⑥如图 3-1（f）所示，设 A、B 两点均为已知点（4 个固定值），为了确定该三角形的形状、大小、位置和方向，则只需确定图中 9 个元素中的任意 2 个元素（变量）就行了，如两角（或方位角）或一边一角等。

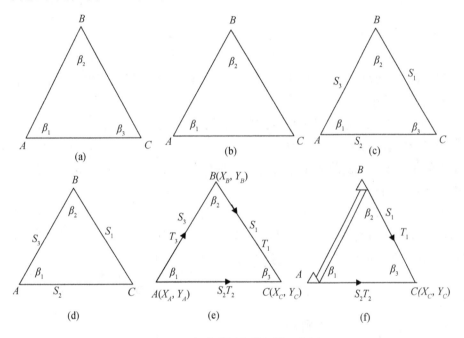

图 3-1　各种观测条件下的三角形

由以上例子可知，一旦模型确定，能唯一地确定该模型的必要元素（变量）的个数和类型也就随之确定了。这些必要元素之间是不存在任何确定的函数关系的，即其中任何一个必要元素都不可能表达成其余必要元素的函数。例如，在上述图 3-1（c）中，任意 3 个必要元素，如 S_1、β_1、β_2，其中 S_1 不可能表达成 β_1、β_2 的函数（除非再增加其他的量）。这些彼此不存在函数关系的量，称为函数独立的量，简称独立量。

既然一个模型通过这 t 个必要而独立的量已经被唯一地确定下来了，那么，这就意味着在该模型中，任何一个量的大小都已经通过这 t 个量确定下来了。换言之，模型中的任何一个量必然都是这 t 个独立量的函数，即它们之间一定存在着某种确定的函数关系，即测量中的条件方程。

例如，如图 3-1（a）所示，$t=2$（如选定 β_1、β_2），则另一个角的真值 $\tilde{\beta}_3$ 与这两个角的真值 $\tilde{\beta}_1$、$\tilde{\beta}_2$ 之间必然存在一个确定的函数关系：

$$\tilde{\beta}_1 + \tilde{\beta}_2 + \tilde{\beta}_3 - 180° = 0 \tag{3-1}$$

又例如，如图 3-1（c）所示，必要观测量的个数 $t=3$。图中共有 6 个量（3 个角和 3 条边），在这 6 个量的真值之间必然存在着 3 个确定的函数关系：

$$\tilde{\beta}_1 + \tilde{\beta}_2 + \tilde{\beta}_2 = 180° \tag{3-2}$$

$$\frac{\tilde{S}_1}{\sin\tilde{\beta}_1} = \frac{\tilde{S}_2}{\sin\tilde{\beta}_2} \tag{3-3}$$

$$\frac{\tilde{S}_1}{\sin\tilde{\beta}_1} = \frac{\tilde{S}_3}{\sin\tilde{\beta}_2} \tag{3-4}$$

除以上公式外，还可以根据余弦定理写出如下关系式：

$$\tilde{S}_1^2 = \tilde{S}_2^2 + \tilde{S}_3^2 - 2\tilde{S}_2\tilde{S}_3\cos\tilde{\beta}_1 \tag{3-5}$$

$$\tilde{S}_2^2 = \tilde{S}_1^2 + \tilde{S}_3^2 - 2\tilde{S}_1\tilde{S}_3\cos\tilde{\beta}_2 \tag{3-6}$$

$$\tilde{S}_3^2 = \tilde{S}_1^2 + \tilde{S}_2^2 - 2\tilde{S}_1\tilde{S}_2\cos\tilde{\beta}_3 \tag{3-7}$$

在以上方程中，共包含 6 个不同的量，只要有 3 个方程，就可通过其中 3 个必要量的大小确定其余 3 个元素的大小了。

从以上例子可看出，除模型中 t 个必要观测量外，每增加一个新的量，在它们之间就必然增加一个确定的函数关系式，即条件方程。而且每增加一个量，也只需增加一个函数关系式就行了。但是，如果观测值中不包含能唯一确定其模型的必要的类型，即使是 $n>t$，要确定该模型，数据仍然是不足的。

例 3-1　如图 3-2 所示各图中需确定：（a）直线上的 3 段距离；（b）测站 O 上 4 个方向间的角度；（c）水准网中各点的高程；（d）三角网中各点的坐标。试分别确定其必要观测元素的个数 t，并举例说明（函数）独立量与非独立量的不同组合。

解：

（1）图 3-2（a）

①若直线上无已知的距离，则 $t=3$。

独立量的组合：AB、BC、CD 或 AB、AC、AD 等。

非独立量的组合：AC、CD、AD 或 AB、BD、AD 等，因为 $\widetilde{AC} + \widetilde{CD} = \widetilde{AD}$ 或 $\widetilde{AB} + \widetilde{BD} = \widetilde{AD}$，函数不独立。

②若直线上某段距离已知，设 AD 已知，则 $t=2$。

独立量的组合：AB、BC 或 AB、CD 等。

非独立量的组合：AB、BD 或 AC、CD 等，因为 $\widetilde{AB} + \widetilde{BD} = AD$ 或 $\widetilde{AC} + \widetilde{CD} = \widetilde{AD}$，函数不独立。

（2）图 3-2（b）

①若测站 O 上无已知角度，则 $t=3$。

独立量的组合：$\angle AOB$、$\angle AOC$、$\angle AOD$ 或 $\angle BOC$、$\angle BOD$、$\angle AOD$ 等。

非独立量的组合：$\angle AOC$、$\angle COD$、$\angle DOA$ 或 $\angle AOD$、$\angle AOC$、$\angle COD$ 等，因为 $\angle \widetilde{AOC} + \angle \widetilde{COD} + \angle \widetilde{DOA} = 360°$ 或 $\angle \widetilde{AOD} = \angle \widetilde{AOC} + \angle \widetilde{COD}$，函数不独立。

②若测站 O 上有已知角度，设 $\angle AOC$ 已知，则 $t=2$。

独立量的组合：$\angle AOB$、$\angle COD$ 或 $\angle BOC$、$\angle DOA$ 等。

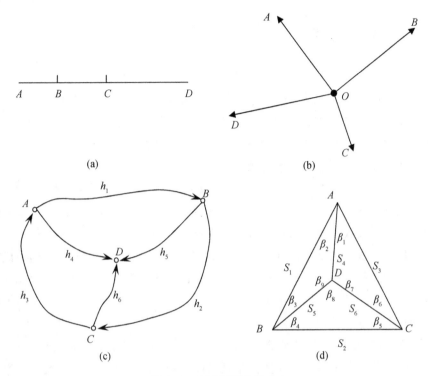

图 3-2　必要观测数的确定

非独立量的组合：∠AOB、∠BOC 或 ∠AOB、∠BOA 等，因为 ∠$A\widetilde{O}B$ + ∠$B\widetilde{O}C$ = ∠AOC 或 ∠$A\widetilde{O}B$ + ∠$B\widetilde{O}A$ = $360°$，函数不独立。

（3）图 3-2（c）

为了确定各点的高程，网中至少要有一个高程已知点。

①若无已知点，则可任意假定一点的高程，从而确定其他点的高程。此时 $t = 3$。

独立量的组合：h_1、h_2、h_4 或 h_1、h_5、h_6 等。

非独立量的组合：h_1、h_2、h_3 或 h_3、h_4、h_6 等，因为 $\tilde{h}_1 + \tilde{h}_2 + \tilde{h}_3 = 0$ 或 $\tilde{h}_3 + \tilde{h}_4 + \tilde{h}_6 = 0$ 函数不独立。

②若网中有两个已知点，设已知点 A 的高程为 H_A，B 点的高程为 H_B，则 $t = 2$。

独立量的组合：h_3、h_4 或 h_2、h_5 等。

非独立量的组合：h_1 或 h_2、h_3 或 h_4、h_5 等，因为 $\tilde{h}_1 = H_B - H_A$、$\tilde{h}_2 + \tilde{h}_3 = H_A - H_B$ 或 $\tilde{h}_4 - \tilde{h}_5 = H_B - H_A$，函数不独立。

（4）图 3-2（d）

为了确定各点的坐标，网中至少要已知一个点的坐标和一条边的方位角，以用来定位和定向。若无已知点和已知方位角，则可任意假定一点的坐标和一条边的方位角，此时，$t = 5$（其中至少包含一条边长）。

独立量的组合：S_1、β_1、β_2、β_3、β_4 或 S_2、β_3、β_4、β_5、β_6 或 S_3、β_1、β_2、β_5、β_6 等。

非独立量的组合：S_1、β_2、β_3、β_4、β_9 或 S_1、β_4、β_2、β_5、β_9 等，因为 $\tilde{\beta}_2 + \tilde{\beta}_3 + \tilde{\beta}_9 =$

$180°$或$\dfrac{\bar{S}_1}{\sin\bar{\beta}_9} = \dfrac{\bar{S}_4}{\sin\left(180 - \bar{\beta}_2 - \bar{\beta}_9\right)} = 0$，函数不独立。

3.1.2 多余观测

通过 t 个必要元素的观测值，虽然可以唯一地确定一个模型，但是如果观测值中含有错误和粗差，则将无法发现。例如，一个平面三角形的形状和大小可以由一边两角唯一地确定，但若其中任何一个元素包含了错误与粗差，都将无法察觉。因此，在测量工作中一般是不允许这样做的，而是必须进行多余观测。若有 r 个多余观测，就必须在这 n 个观测量的真存在值之间存在着 r 个函数关系，即 r 个方程。多余观测数在统计学中也称为自由度。

由于测量条件不尽完善，测量误差总是客观存在的。为了检验观测结果的精确性和提高观测结果的可靠性，实践中得出的有效方法是进行多余观测。事实上不难发现，当测量足够精细时，同一量的多次观测结果，常会有一定的差异。存在固有关系的几个量的观测结果，也常会出现某种程度的不符，这就是测量误差存在的反映。测量工作中正是根据这一现象，采取反复观测、多方印证，即进行多余观测的方法，作为揭示误差、发现错误、提高观测结果质量并进行精度评定的基本手段。

由于观测不可避免地存在偶然误差，当 $n > t$ 时，几何模型中应该满足 $r = n - t$ 个条件方程，实际存在闭合差而并不满足。如何调整观测值，即对观测值合理地加上改正数，使其达到消除闭合差的目的，这是测量平差的主要任务。

一个测量平差问题，首先要由观测值和待求量间组成数学模型，然后采用一定的平差原则对待求量进行估计，这种估计要求是最优的，最后计算和分析成果的精度。

任务3.2   测量平差数学模型

在日常生活和科学技术领域，时常会见到许多模型，一般可将其分为两大类：一类是将实物尺寸放大或缩小而得的模型，称为实物模型；另一类是用文字、符号、图表或对研究的对象进行抽象概括，用数学关系式来描述它的某种特征或内在联系的模型，前者称为模拟模型，后者称为数学模型，总称为抽象模型。

在测量工程中，涉及的是通过观测量确定某些几何量或物理量大小等有关的数量问题，因而考虑的模型总是数学模型。平差的数学模型与一般数学只考虑函数模型不同，它还要考虑随机模型，因为观测量是一种随机变量。所以，平差的数学模型同时包含函数模型和随机模型两种，在研究任何平差方法时必须同时予以考虑。

函数模型是描述观测量与待求量间数学函数关系的模型，是确定客观实际的本质或特征的模型。随机模型是描述观测量及其相互间统计相关性质的模型。建立这两种模型是测量平差中最基本而首先需要考虑的问题。

对于一个实际平差问题，可建立不同形式的函数模型，与此相应，就产生了不同的平差方法。函数模型分为线性函数模型和非线性函数模型两类。测量平差通常是基于线性函数模型的，当函数模型为非线性形式时，总是将其用台劳公式展开，并取其一次项化为线性形式。下面简述各类基本平差方法的线性函数模型和随机模型，总称为数学模型。

3.2.1　条件平差法

以条件方程为函数模型的平差方法，称为条件平差法。

一般而言，如果有 n 个观测值 $\underset{n,1}{L}$ ，t 个必要观测，则应列出 $r=n-t$ 个条件方程，即：

$$F(\tilde{L})=0 \tag{3-8}$$

如果条件方程为线性形式，可直接写为：

$$\underset{r,n}{A}\underset{n,1}{\tilde{L}}+\underset{r,1}{A_0}=\underset{r,1}{0} \tag{3-9}$$

A_0 为常数向量，将 $\tilde{L}=L+\Delta$ 代入公式（3-9），并令：

$$W=-(AL+A_0) \tag{3-10}$$

则公式（3-9）为：

$$A\Delta-W=0 \tag{3-11}$$

公式（3-9）或公式（3-11）为条件平差的函数模型。条件平差的自由度即为多余观测数 r ，即条件方程的个数。

3.2.2　间接平差法

一个几何模型中，最多只能选出 t 个独立量。如果在进行平差时，选定 t 个独立量作为参数，那么通过这 t 个独立参数就能唯一地确定该几何模型了。换言之，模型中的所有量都一定是这 t 个独立参数的函数，亦即每个观测量都可表达成所选 t 个独立参数的函数。

选择几何模型中 t 个独立量为平差参数，将每一个观测量表达成所选参数的函数，即列出 n 个这种函数关系式，以此为平差的函数模型，称为间接平差法，又称为参数平差法。

一般而言，如果某平差问题有 n 个观测值，t 个必要观测值，选择 t 个独立量作为平差参数 $\underset{t,1}{\tilde{X}}$ ，则每个观测量必定可以表达成这 t 个参数的函数，即有：

$$\underset{n,1}{\tilde{L}}=F(\tilde{X})$$

如果这种表达式是线性的，一般为：

$$\underset{n,1}{\tilde{L}}=\underset{n,t}{B}\underset{t,1}{\tilde{X}}+\underset{n,1}{d} \tag{3-12}$$

将 $\tilde{L}=L+\Delta$ 代入公式（3-12），并令：

$$l=L-d \tag{3-13}$$

则有：

$$\Delta=B\tilde{X}-l \tag{3-14}$$

考虑 $E(\Delta)=0$ ，由上式可得：

$$E(l)=B\tilde{X} \tag{3-15}$$

公式（3-12）或公式（3-14）就是间接平差的函数模型。尽管间接平差法是选了 t 个独立参数，但多余观测数不随平差不同而异，其自由度仍是 $r=n-t$ 。

3.2.3　附有参数的条件平差法

设在平差问题中，观测值个数为 n ，t 为必要观测数，则可列出 $r=n-t$ 个条件方程。现

又增设了 u 个独立量作为参数，而 $0 < u < t$，每增设一个参数应增加一个条件方程。以含有参数的条件方程作为平差的函数模型，称为附有参数的条件平差法。

一般而言，在某一平差问题中，观测值个数为 n，必要观测数为 t，多余观测数 $r = n - t$，再增选 u 个独立参数，$0 < u < t$，则总共应列出 $c = r + u$ 个条件方程，一般形式为：

$$\underset{c,1}{F}(\tilde{L}, \tilde{X}) = 0 \tag{3-16}$$

如果条件方程是线性的，其形式为：

$$\underset{c,n}{A} \underset{n,1}{\tilde{L}} + \underset{c,u}{B} \underset{u,1}{\tilde{X}} + \underset{c,1}{A_0} = 0 \tag{3-17}$$

将 $\tilde{L} = L + \Delta$ 代入公式（3-17），并令：

$$W = -(AL + A_0) \tag{3-18}$$

则公式（3-9）为：

$$\underset{c,n}{A} \underset{n,1}{\Delta} + \underset{c,u}{B} \underset{u,1}{\tilde{X}} - \underset{c,1}{W} = 0 \tag{3-19}$$

公式（3-17）或公式（3-19）为附有参数的条件平差法的函数模型。此平差问题，由于选了 u 个独立参数，方程总数由 r 个增加到 $c = r + u$ 个，故平差的自由度为 $r = c - u$。

3.2.4 附有限制条件的间接平差法

如果进行间接平差，就要选出 t 个独立量为平差参数，按每一个观测值所选参数间函数关系，组成 n 个观测方程。如果在平差问题中，不是选 t 个而是选定 $u > t$ 个参数，其中包含 t 个独立参数，则多选的 $s = u - t$ 个参数必是 t 个独立参数的函数，亦即在 u 个参数之间存在着 s 个函数关系，它们是用来约束参数之间应满足的关系。因此，在选定 $u > t$ 个参数进行间接平差时，除了建立 n 个观测方程外，还要增加 s 个约束参数的条件方程，故称此平差方法为附有限制条件的间接平差法。

一般而言，附有限制条件的间接平差法可组成下列方程：

$$\underset{n,1}{\tilde{L}} = F(\underset{u,1}{\tilde{X}}) \tag{3-20}$$

$$\underset{s,1}{\Phi}(\tilde{X}) = 0 \tag{3-21}$$

线性形式的函数模型为：

$$\underset{n,1}{\Delta} = \underset{n,u}{B} \underset{u,1}{\tilde{X}} - \underset{n,1}{l} \tag{3-22}$$

$$\underset{s,u}{C} \underset{u,1}{\tilde{X}} - \underset{s,1}{W_x} = 0 \tag{3-23}$$

该平差问题的自由度 $r = n - (u - s)$。

3.2.5 平差的随机模型

对于以上 4 种基本平差方法，最基本的数据都是观测向量 $\underset{n,1}{L}$，进行平差时，除了建立其函数模型外，还要同时考虑到它的随机模型，亦即观测向量的协方差阵：

$$\underset{n,n}{D} = \sigma_0^2 \underset{n,n}{Q} = \sigma_0^2 \underset{n,n}{P^{-1}} \tag{3-24}$$

式中：D 为 L 的协方差阵，Q 为 L 的协因数阵，P 为 L 的权阵，Q 与 P 互为逆阵，σ_0^2 为单位权方差。

以上各种平差方法的函数模型连同公式（3-24）中的随机模型，就称为平差方法的数学模型。在进行平差计算之前，必须同时具备其函数模型和随机模型，前者可以按上述介绍的方法建立，后者则须知道 D、Q 或 P 中之一。一般情况下，观测向量的协方差阵 D 在平差前都是未知的，通常是按项目二中介绍的方法估计确定，称为先验协方差。σ_0^2 可通过平差计算求出其估值 $\hat{\sigma}_0^2$，然后求得 D 的估值：

$$\hat{D} = \hat{\sigma}_0^2 Q \tag{3-25}$$

任务 3.3 函数模型的线性化

一般而言，对于任何一个平差问题，假定观测值总个数是 n，必要观测数是 t，则多余观测数是 $r = n - t$。若选用了 u 个参数，无论 $u < t$、$u = t$ 还是 $u > t$，也无论参数是否函数独立，每增加 1 个参数则相应地多产生 1 个方程，故总共应列出 $r + u$ 个方程。

如果在 u 个参数中存在 s 个函数不独立的参数，或者说，在这 u 个参数（包括 $u < t$、$u = t$ 及 $u > t$ 的情况，但是其中没有 t 个独立参数的情况）之间存在 s 个函数关系式，除了列出 s 个参数的限制条件方程外，还应当列出 $c = r + u - s$ 个观测值和参数的一般条件方程。因此，就形成了如下的函数模型——概括平差的函数模型：

$$\left. \begin{array}{c} F(\underset{c \times 1}{\tilde{L}}, \underset{n \times 1}{\tilde{X}}) = \underset{c \times 1}{0} \\[2mm] \Phi(\underset{s \times 1}{\tilde{X}}) = \underset{s \times 1}{0} \end{array} \right\} \tag{3-26}$$

方程的个数就是 $c + s = r + u$，也就是一般条件方程的个数 c 与参数的限制条件方程的个数 s 之和，必须等于多余观测数 r 与所相应参数的个数 u 之和。如果 $c + s < r + u$，则表明少列了某些条件方程，这样平差后求得的结果将无法使该几何模型完全闭合；如果 $c + s > r + u$，则表示所列的条件存在线性相关的情况，这将造成解点上的困难。这一模型的自由度 $d_f = r = c + s - u$。

线性化后的概括平差函数模型是：

$$\underset{c \times n}{A} \underset{n \times 1}{\Delta} + \underset{c \times u}{B} \underset{u \times 1}{\tilde{x}} + \underset{c \times 1}{W} = 0, W = F(L, X^0) \tag{3-27}$$

$$\underset{s \times u}{C} \underset{u \times 1}{\tilde{x}} + \underset{s \times 1}{W_x} = 0, W_x = \Phi(X^0) \tag{3-28}$$

这里，$c = r + u - s$，$c > r$，$c > u$，$u > s$，$\tilde{L} = L + \Delta$，$\tilde{x} = X^0 + \tilde{x}$（$X^0$ 为参数的近似值）系数矩阵的秩是：

$$R(A) = c, R(B) = u, R(C) = s$$

在实际应用中，是以平差值（最或然值）代替真值，残差代替真误差，即 $\hat{L} = L + V$，$\hat{X} = X^0 + \tilde{x}$（$X^0$ 仍然为非随机量，$\hat{L}$、V 和 $\hat{x}$ 是随机量）代替 $\tilde{L} = L + \Delta$，$\tilde{X} = X^0 + \tilde{x}$（注：有的书中用 $\hat{x}$，有的用 x 和 δx 表示 $\hat{X}$ 的改正值，本书中一律用 $\hat{x}$ 表示），则函数模型是：

$$\underset{c \times n}{A} \underset{n \times 1}{V} + \underset{c \times u}{B} \underset{u \times 1}{\tilde{x}} + \underset{c \times 1}{W} = 0, W = F(L, X^0) \tag{3-29}$$

$$\underset{s \times u}{C} \underset{u \times 1}{\tilde{x}} + \underset{s \times 1}{W_x} = 0, W_x = \Phi(X^0) \tag{3-30}$$

在测量平差中，除了考虑平差问题的函数模型外，还应注意建立观测值的随机模型。随机模型实质上就是观测值概率分布的选择，每个观测值都要选择一个方差（或标准差）σ，组成方差-协方差阵 D。对方差值的选择要依赖测量过程（野外条件、仪器类型）和经验。平差的随机模型是：

$$D = \sigma_0^2 Q = \sigma_0^2 P^{-1} \qquad (3-31)$$

根据平差问题的具体情况，可以选择不同的平差方法。

（1）条件平差

条件平差是不加入任何参数的一种平差法，即 $u = 0$ 的情况。当多余观测数 $r = n - t$ 时，则只要列出 r 个形如 $F(\hat{L}) = 0$ 的条件方程。

（2）间接平差

间接平差是在 r 个多余观测的基础上，再增选 $u = t$ 个独立的参数，故总共应列出 $c = r + u = r + t = n$ 个条件方程，c 表示一般条件方程的个数。由于通过 t 个独立参数能唯一地确定一个几何模型，因此就有可能将每个观测量都表达成形如 $\hat{L} = F(\hat{x})$ 的条件方程，亦即观测方程，且方程的个数正好等于 n。

（3）附有参数的条件平差

附有参数的条件平差是在 r 个多余观测的基础上，再增选 $u < t$ 个独立的参数，故总共应列出 $c = r + u$ 个形如 $F(\hat{L}, \hat{X}) = 0$ 的一般条件方程。

（4）附有限制条件的间接平差

附有限制条件的间接平差是在 r 个多余观测的基础上，再增选 $u > t$ 个参数，且要求在 u 个参数中必须含有 t 个独立的参数，故总共应列出 $r + u$ 个方程。因为在任一几何模型中最多只能选出 t 个独立参数，故一定有 $s = u - t$ 个不独立参数。换句话说，在 u 个参数中产生了 s 个参数之间的函数关系式，因此还需列出 s 个形如 $\Phi(\hat{X}) = 0$ 的限制条件方程。由于总共应列出 $r + u$ 个方程，除了必须列出的 s 个限制条件方程之外，还要列出 $c = r + u - s = r + (t + s) - s = r + t = n$ 个一般条件方程。又由于在 u 个参数中包含了 t 个独立参数，该几何模型已被确定，因此就有可能将每个观测量都表达成形如 $\hat{L} = F(\hat{X})$ 的一般条件方程，亦即观测方程，且方程的个数正好等于 n。

任务3.4 参数估计与最小二乘原理

平差问题是由于测量中进行了多余观测而产生的，无论何种平差方法，平差最终目的都是对参数 $\tilde{X}$ 和观测量 $\tilde{L}$（或 Δ）做出某种估计，并评定其精度。所谓评定精度，就是对待估量的方差与协方差做出估计。所以，可统称为对平差模型的参数进行估计。

3.4.1 参数估计及其最优性质

由于多余观测而产生的平差数学模型，都不可能直接获得唯一解。例如，条件平差的函数模型中条件方程个数为 r，而待估未知量 Δ 有 n 个，$n > r$，Δ 不能唯一确定。又如，间接平差的函数模型中方程个数为 n，待求参数 $\tilde{X}$ 和 Δ 共有 $t + n$ 个，同样，$\tilde{X}$ 和 Δ 不能唯一确定。测量平差中的参数估计，是要在众多的解中，找出一个最为合理的解，作为平差参数的最终估计。为此，对最终估计值应该提出某种要求，考虑平差所处理的是随机观测值，这种要求自然要从数理统计观点去寻求。即参数估计要具有最优的统计性质，从而可对平差数学模型附加某种约束，实现满足最优性质的参数唯一解。这种约束是用某种准则实现的，其中最广泛采用的准则是最小二乘原理。

数理统计中所述的估计量最优性质，主要是估计量应具有无偏性、一致性和有效性的要求。数理统计理论证明，具有无偏性、最优性的估计量必然是一致性估计量，所以测量平差中参数的最佳估值要求是最优无偏估计量。由于平差模型是线性的，最佳估计也称为最优线性无偏估计。

3.4.2　最小二乘平差原理

在生产实践中，经常会遇到利用一组观测数据来估计某些未知参数的问题。例如，一个做匀速运动的质点在时刻 τ 的位置是 $\tilde{y}$，可以用如下的线性函数来描述：

$$\tilde{y} = \tilde{a} + \tau\tilde{\beta} \tag{3-32}$$

式中：$\tilde{a}$ 是质点在 $\tau = 0$ 时刻的初始位置，$\tilde{\beta}$ 是平均速度，它们是待估计的未知参数。可见这类问题为线性参数的估计问题。对于这一问题，如果观测没有误差，则只要在两个不同时刻 τ_1 和 τ_2 观测出质点的相应位置 $\tilde{y}_1$ 和 $\tilde{y}_2$，由公式（3-32）分别建立两个方程，就可以解出 $\tilde{a}$ 和 $\tilde{\beta}$ 的值了。但是，实际上在观测时，被观测的不是 $\tilde{y}$ 而是 $y = \tilde{y} - \Delta$，Δ 是观测误差。于是有：

$$y + \Delta = \tilde{a} + \tau\tilde{\beta} \tag{3-33}$$

这样，为了求得 $\tilde{a}$ 和 $\tilde{\beta}$，就需要在不同时刻 τ_1、τ_2、$\cdots$、τ_n 来测定其位置，得到一组观测值 y_1、y_2、$\cdots$、y_n，这时，由上式可以得到：

$$\Delta_i = \tilde{a} + \tau_i\tilde{\beta} - y_i, (i = 1, 2, \cdots, n) \tag{3-34}$$

写成间接平差的函数模型为：

$$\Delta = B\tilde{X} - Y \tag{3-35}$$

如果将对应的 y_i、τ_i 用图解来表示，则可做出如图 3-3 所示的图形。从图中可以看出，由于存在观测误差，由观测数据绘出的点——观测点，无法描绘成直线，而有些"摆动"。

这里就产生一个问题：用什么准则来对参数 $\tilde{a}$ 和 $\tilde{\beta}$ 进行估计，从而使直线 $\hat{y} = \hat{a} + \tau_i\hat{\beta}$ "最佳"地拟合于诸观测点。这里的"最佳"一词可以有不同的理解。例如，可以认为各观测点直线最大距离取最小值时，直线是"最佳"的；也可以认为各观测点到直线偏差的绝对值之和取最小值时，直线是"最佳"的，等等。在不同的"最佳"要求下，可以求得相应问题中参数 $\tilde{a}$ 和 $\tilde{\beta}$ 不同的

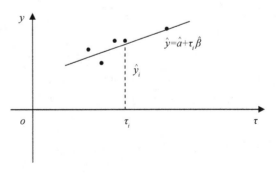

图 3-3　点与直线

估值。但是，在解这类问题时，一般应用最小二乘原理。按照最小二乘原理的要求，认为"最佳"地拟合于诸观测点的估计曲线，应使诸观测点到该曲线偏差的平方和达到最小。

　　只要是具有线性关系的参数估计问题，无论观测值属于何种统计分布，都可按照最小二乘原理进行参数估计，因此，这种估计方法在实践中被广泛应用。

　　测量中的观测值是服从正态分布的随机变量，最小二乘原理可表示为：

$$V^T P V = \min \tag{3-36}$$

特别地，当为同精度观测时，则 $p = I$，最小二乘原理为：

$$V^T V = \min \tag{3-37}$$

　　在测量平差函数模型中，待求量是 n 个观测值的改正数和 u 个参数，而方程的个数是 $c + s < n + u (c + s = r + u < n + u)$，所以有无穷多组解。为此，应当按照最小二乘法测量平差原理在无穷多组解中求出满足的 $V^T P V = \min$ 的一组解。设有函数模型为公式（3-29）、公式（3-30），随机模型为公式（3-31），按照求条件极值的方法组成函数：

$$\phi = V^T P V - 2K^T(AV + B\tilde{x} + W) - 2K_s^T(C\hat{x} + W_x) \tag{3-38}$$

$$\frac{\partial \phi}{\partial V} = 2V^T P - 2K^T A = 0 \tag{3-39}$$

$$\frac{\partial \phi}{\partial \tilde{x}} = -2K^T B - 2K_s^T C = 0 \tag{3-40}$$

转置后得：

$$V = QA^T K, B^T K + C^T k_s = 0$$

把上式代入到函数模型公式（3-29）、公式（3-30）中，则得法方程：

$$\begin{cases} AQA^T K + B\hat{x} + W = 0 \\ B^T K + C^T K_s = 0 \\ C\hat{x} + W_x = 0 \end{cases} \tag{3-41}$$

或者：

$$\begin{bmatrix} N_{aa} & B & 0 \\ {}_{c \times c} & {}_{c \times u} & {}_{c \times s} \\ B^T & 0 & C^T \\ {}_{u \times c} & {}_{u \times u} & {}_{u \times s} \\ 0 & C & 0 \\ {}_{s \times c} & {}_{s \times u} & {}_{s \times s} \end{bmatrix} \begin{bmatrix} K \\ {}_{c \times 1} \\ \hat{x} \\ {}_{u \times 1} \\ K_s \\ {}_{s \times 1} \end{bmatrix} = \begin{bmatrix} -W \\ {}_{c \times 1} \\ 0 \\ {}_{u \times 1} \\ -W_x \\ {}_{s \times 1} \end{bmatrix}$$

其中已经令：

$$\underset{c \times c}{N_{aa}} = AQA^T$$

可见，在法方程中，有 c 个联系系数 K、s 个联系系数 K_s 和 u 个未知参数 $\hat{x}$，而法方程的个数正好是 $c + s + u$ 个，所以可以进行求解。

　　由法方程公式（3-41）的第一式得：

$$K = -N_{aa}^{-1}(W + B\hat{x}) \tag{3-42}$$

代入到法方程公式（3-41）的第二式，得：

$$-B^T N_{aa}^{-1} B\hat{x} - B^T N_{aa}^{-1} W + C^T K_s = 0 \tag{3-43}$$

再令：

$$N_{bb} = B^T N_{aa}^{-1} B$$

则有：

$$\hat{x} = N_{bb}^{-1}\left[\ -B^T N_{aa}^{-1} W + C^T K_s\right]$$

再代入到法方程公式（3-41）的第三式，可得：

$$CN_{bb}^{-1} C^T K_s - CN_{bb}^{-1} B^T N_{aa}^{-1} W + W_x = 0 \tag{3-44}$$

再令：

$$\underset{s \times s}{N_{cc}} = CN_{bb}^{-1} C^T$$

且 $\underset{s \times s}{R(N_{cc})} = R(CN_{bb}^{-1} C^T) = s$，$N_{cc}$ 是满秩对称方阵，其逆存在。则：

$$K_S = N_{cc}^{-1}\left(\ -W_X + CN_{bb}^{-1} B^T N_{aa}^{-1} W\right)$$

$$\hat{x} = N_{bb}^{-1}\left[\ -B^T N_{aa}^{-1} W + C^T K_S\right]$$

$$= N_{bb}^{-1}\left[\ -B^T N_{aa}^{-1} W + C^T N_{cc}^{-1}\left(\ -W_X + CN_{bb}^{-1} B^T N_{aa}^{-1} W\right)\right]$$

$$= -\left(N_{bb}^{-1} - N_{bb}^{-1} C^T N_{bb}^{-1} CN_{bb}^{-1}\right) B^T N_{aa}^{-1} W - N_{bb}^{-1} C^T N_{cc}^{-1} W_X \tag{3-45}$$

$$V = QA^T K = -QA^T N_{aa}^{-1}\left(W - B\hat{x}\right) \tag{3-46}$$

$$\hat{X} = X^0 + \hat{x}$$

3.4.3　精度评定

（1）单位权方差

$$\hat{\sigma}_0^2 = \frac{V^T PV}{r} = \frac{V^T PV}{c - u + s} \tag{3-47}$$

（2）$V^T PV$ 的计算

$$\begin{aligned}
V^T PV &= V^T PQA^T K \\
&= (AV)^T K \\
&= (\ -W - B\hat{x})^T K \\
&= -W^T K - \hat{x}^T B^T K \\
&= -W^T K - W_X^T K_S \\
&= -W^T K - W_X^T K_X \\
&= W^T N_{aa}^{-1} W + W^T N_{aa}^{-1} B\hat{x} - W_X^T K_S \\
&= W^T N_{aa}^{-1} W + (B^T N_{aa}^{-1} W)^T \hat{x} - W_X^T K_S
\end{aligned}$$

（3）协因数阵

由于 $L = L$，$W = AL + BX^0 + d$，则有：

$$Q_{LL} = Q,\ Q_{LW} = QA^T,\ Q_{WW} = AQA^T = N_{aa}$$

由于 $\hat{x} = -\left(N_{bb}^{-1} - N_{bb}^{-1} C^T N_{cc}^{-1} CN_{bb}^{-1}\right) B^T N_{aa}^{-1} W - N_{bb}^{-1} C^T N_{cc}^{-1} W_X$，$Q_{LW} = AQ$，则有：

$$\begin{aligned}
Q_{\hat{X}\hat{X}} &= \left(N_{bb}^{-1} - N_{bb}^{-1} C^T N_{cc}^{-1} CN_{bb}^{-1}\right) B^T N_{aa}^{-1} Q_{WW} N_{aa}^{-1} B\left(N_{bb}^{-1} - N_{bb}^{-1} C^T N_{cc}^{-1} N_{bb}^{-1}\right) \\
&= \left(N_{bb}^{-1} - N_{bb}^{-1} C^T N_{cc}^{-1} CN_{bb}^{-1}\right) \\
Q_{\hat{X}L} &= -\left(N_{bb}^{-1} - N_{bb}^{-1} C^T N_{cc}^{-1} CN_{bb}^{-1}\right) B^T N_{aa}^{-1} Q_{WL} \\
&= -\left(N_{bb}^{-1} - N_{bb}^{-1} C^T N_{cc}^{-1} CN_{bb}^{-1}\right) B^T N_{aa}^{-1} AQ \\
&= -Q_{\hat{X}\hat{X}} B^T N_{aa}^{-1} AQ
\end{aligned}$$

$$Q_{\hat{X}W} = -(N_{bb}^{-1} - N_{bb}^{-1}C^TN_{cc}^{-1}CN_{bb}^{-1})B^TN_{aa}^{-1}Q_{WW}$$

$$= -Q_{\hat{X}\hat{X}}B^T$$

由于 $V = QA^TK = -QA^TN_{aa}^{-1}(W - B\hat{x})$，则有：

$$Q_{VV} = QA^TN_{aa}^{-1}Q_{WW}N_{aa}^{-1}AQ + QA^TN_{nn}^{-1}BQ_{\hat{X}\hat{X}}B^TN_{aa}^{-1}AQ -$$

$$QA^TN_{aa}^{-1}Q_{W\hat{X}}B^TN_{aa}^{-1}AQ + QA^TN_{aa}^{-1}BQ_{\hat{X}W}N_{aa}^{-1}AQ$$

$$= QA^TN_{aa}^{-1}AQ - QA^TN_{aa}^{-1}BQ_{\hat{X}\hat{X}}B^TN_{aa}^{-1}AQ$$

$$= QA^T[N_{aa}^{-1} - N_{aa}^{-1}BQ_{\hat{X}\hat{X}}B^TN_{aa}^{-1}]AQ$$

$$Q_{VL} = -QA^TN_{aa}^{-1}(Q_{WL} - BQ_{\hat{X}L})$$

$$= -QA^TN_{aa}^{-1}AQ + QA^TN_{aa}^{-1}BQ_{\hat{X}\hat{X}}B^TN_{aa}^{-1}AQ$$

$$= -QA^T(N_{aa}^{-1} - N_{aa}^{-1}BQ_{\hat{X}\hat{X}}B^TN_{aa}^{-1})AQ$$

$$= -Q_{VV}$$

$$Q_{VW} = -QA^TN_{aa}^{-1}Q_{WW} - QA^TN_{aa}^{-1}BQ_{\hat{X}W}$$

$$= -QA^TN_{aa}^{-1}N_{aa} + QA^TN_{aa}^{-1}BQ_{\hat{X}\hat{X}}B^T$$

$$= -QA^T + QA^TN_{aa}^{-1}BQ_{\hat{X}\hat{X}}B^T$$

$$Q_{V\hat{X}} = -QA^TN_{aa}^{-1}(Q_{W\hat{X}} + BQ_{\hat{X}\hat{X}})$$

$$= -QA^TN_{aa}^{-1}(-BQ_{\hat{X}\hat{X}} + BQ_{\hat{X}\hat{X}})$$

$$= 0$$

由于 $\hat{L} = L + V$，则有：

$$Q_{\hat{L}\hat{L}} = Q + Q_{LV} + Q_{VL} + Q_{VV} = Q - Q_{VV}$$

$$Q_{\hat{L}L} = Q + Q_{VL} = Q - Q_{VV}$$

$$Q_{\hat{L}W} = Q_{LW} + Q_{VW} = QA^T - QA^T + QA^TN_{aa}^{-1}BQ_{\hat{X}\hat{X}}B^T$$

$$= QA^TN_{aa}^{-1}BQ_{\hat{X}\hat{X}}B^T$$

$$Q_{\hat{L}\hat{X}} = Q_{L\hat{X}} + Q_{V\hat{X}} = Q_{L\hat{X}} = (Q_{\hat{X}L})^T$$

$$= -QA^TN_{aa}^{-1}BQ_{\hat{X}\hat{X}}$$

$$Q_{\hat{L}V} = Q_{LV} + Q_{VV} = -Q_{VV} + Q_{VV}$$

$$= 0$$

习 题

1. 如图 3-4 所示，已知 A、B 点高程为 $H_A = 62.222\text{m}$，$H_B = 61.222\text{m}$ 观测高差值及路线长度如下：

$$h_1 = -1.033\text{m}, h_2 = -0.500\text{m}, h_3 = -0.501\text{m}$$

$$S_1 = 2\text{km}, S_2 = 1\text{km}, S_3 = 0.5\text{km}$$

①试列出改正数条件方程；

②试按条件平差原理计算各段高差的平差值。

2. 如图 3-5 所示，已知角度独立观测值及其中误差为：

$$L_1 = 69°03'14'', L_2 = 52°32'22'', L_3 = 301°35'42'', \sigma_0 = 5''$$

①试列出改正数条件方程；

②试按条件平差法求 $\angle ACB$ 的平差值。

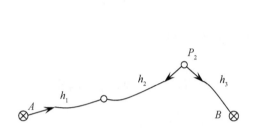

图 3-4　水准路线

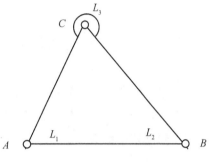

图 3-5　三角形观测

3. 如图 3-6 所示，同精度观测了角 α、β、γ、δ，试按条件平差法求角的平差值 γ 计算公式。

4. 如图 3-7 所示，在测站 A 点，同精度观测了 3 个角，试按条件平差法求各角平差值。

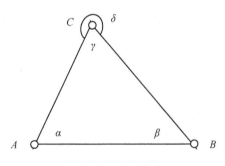

图 3-6　独立三角形

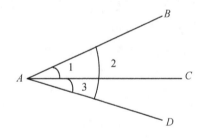

图 3-7　角度观测

5. 如图 3-8 所示，A、B、C、D 点在同一条直线上为确定其间的 3 段距离，测出了距离 AB、BC、CD、AC 和 BD，相应的观测值为：

$$L_1 = 200.000\text{m}, L_2 = 200.000\text{m}, L_3 = 200.080\text{m}, L_4 = 400.040\text{m}, L_5 = 400.000\text{m}$$

设它们不相关且等精度。若分别选取 AB、BC 及 CD 3 段距离为未知参数 X_1、X_2 和 X_3，试按间接平差法求 A、D 两点间的距离平差值。

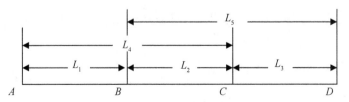

图 3-8　距离测量

项目四 条件平差

任务4.1 条件平差原理

在一个平差问题中，如果观测值的个数是 n，必要观测数是 t，则多余观测数是 $r = n - t$，即条件平差可以列出 r 个条件方程。

条件平差的数学模型为：

$$\underset{r,n}{A}\ \underset{n,1}{V} + \underset{r,1}{W} = 0 \tag{4-1}$$

$$\underset{n,n}{D} = \sigma_0^2 Q = \sigma_0^2\ \underset{n,n}{p}^{-1} \tag{4-2}$$

条件方程个数等于多余观测数，即 $r = n - t$。由于 $r < n$，由上述公式不能求得 V 的唯一解，但可按最小二乘原理求 V 的最或然值，从而求出观测量的最或然值，又称平差值。

条件平差法就是要求在满足 r 个条件方程下，求函数 $V^T P V = \min$ 的 V 值，在数学中就是求函数的条件极值问题。

设有 r 个平差值线性条件方程：

$$\left. \begin{array}{l} a_{11}\hat{L}_1 + a_{12}\hat{L}_2 + \cdots + a_{1n}\hat{L}_n + a_{10} = 0 \\ a_{21}\hat{L}_1 + a_{22}\hat{L}_2 + \cdots + a_{2n}\hat{L}_n + a_{20} = 0 \\ \cdots \\ a_{r1}\hat{L}_1 + a_{r2}\hat{L}_2 + \cdots + a_{rn}\hat{L}_n + a_{r0} = 0 \end{array} \right\} \tag{4-3}$$

式中：$a_{ij}(i = 1, 2, \cdots, r; j = 1, 2, \cdots, n)$ 为条件方程系数，$a_{i0}(i = 1, 2, \cdots, r)$ 为条件方程的常数项。将求得的平差值 $\hat{L} = L + V$ 代入上式，得条件方程为：

$$\left. \begin{array}{l} a_{11}V_1 + a_{12}V_2 + \cdots + a_{1n}V_n + W_1 = 0 \\ a_{21}V_1 + a_{22}V_2 + \cdots + a_{2n}V_n + W_2 = 0 \\ \cdots \\ a_{r1}W_1 + a_{r2}W_2 + \cdots + a_{rn}W_n + a_n = 0 \end{array} \right\} \tag{4-4}$$

式中：$W_i(i = 1, 2, \cdots, r)$ 称为条件方程的闭分差或不符值，有：

$$W_1 = a_{11}L_1 + a_{12}L_2 + \cdots + a_{1n}L_n + a_{10}$$

$$W_2 = a_{21}L_1 + a_{22}L_2 + \cdots + a_{2n}L_n + a_{20}$$

$$\cdots$$

$$W_r = a_{r1}L_1 + a_{r2}L_2 + \cdots + a_{rn}L_n + a_{r0}$$

令：

$$A = \begin{bmatrix} a_{11} & a_{12} & \cdots & a_{1n} \\ a_{21} & a_{22} & \cdots & a_{2n} \\ \vdots & \vdots & \vdots & \vdots \\ a_{r1} & a_{r2} & \cdots & a_{rn} \end{bmatrix}, W = \begin{bmatrix} W_1 \\ W_2 \\ \vdots \\ W_r \end{bmatrix}, V = \begin{bmatrix} V_1 \\ V_2 \\ \vdots \\ V_n \end{bmatrix}$$

按求函数极值的拉格朗日乘数法，设其乘数为 $k = (k_1, k_2, \cdots, k_r)^T$，称为联系数向量。组成函数：

$$\Phi = V^T P V - 2K^T (AV + W)$$

将 Φ 对 V 求一阶导数，并令其为零，得：

$$\frac{\mathrm{d}\Phi}{\mathrm{d}V} = 2V^T P - 2K^T A = 0$$

两边转置，得：

$$PV = A^T K$$

得改正数 V 的计算公式为：

$$V = P^{-1}A^T K = QA^T K \tag{4-5}$$

上式称为改正数方程。

将 n 个改正数方程公式（4-5）和 r 个条件方程公式（4-4）联立求解，就可以求得一组唯一的解：n 个改正数和 r 个联系数。为此，将公式（4-4）和公式（4-5）合称为条件平差的基础方程。显然，由基础方程解出的一组 V，不仅能消除闭合差，也必能满足 $V^T P V = \min$ 的要求。解算基础方程时，是先将公式（4-5）代入公式（4-4），得 $AQA^T K + W = 0$，令：

$$N_{aa} = AQA^T = AP^{-1}A^T$$

则有：

$$N_{aa}K + W = 0 \tag{4-6}$$

上式称为联系数法方程，简称法方程。法方程系数阵 N_{aa} 的秩 $R(N_{aa}) = R(AQA^T) = R(A) = r$，即 N_{aa} 是一个 r 阶的满秩方阵，且可逆。由此可得联系数 K 的唯一解。

因此，改正数方程的纯量形式为：

$$V_i = \sum_{m=1}^{n} \sum_{j=1}^{r} Q_{im} a_{mj} k_j \quad (i = 1, 2, \cdots, n)$$

法方程系数：

$$N_{ij} = \sum_{p=1}^{n} \sum_{q=1}^{n} a_{ip} a_{jq} k_{pq}$$

从法方程解出联系数 k_i 后，将 k_i 值代入改正数方程，求出改正数 V，再加上观测值 L，得平差值：

$$\hat{L} = L + V$$

这样就完成了按条件平差求平差值的工作。

任务4.2　水准网条件平差

在工程实际中使用更多的是水准网。水准网由若干条单一水准路线相互连接构成。在水准网中，如果只有一个已知高程的水准点，则称为独立水准网；如果已知高程水准点的数目多于一个，则称为附合水准网。

下面介绍水准网按照条件平差法进行平差。

在条件平差中，条件方程的个数等于多余观测的个数，即 $r = n - t$。n 是观测值的个数，是已知的，t 是必要观测的个数。确定条件方程的个数，关键就是确定必要观测的个数。在一个平差问题中，必要观测值的多少取决于测量问题的本身，而不在于观测值的多少。

（1）确定水准网必要观测值数

建立水准网的目的是确定未知点的高程，根据确定一个未知数需要一个独立观测值的原则，即必要观测个数等于未知点个数。在没有已知点的水准网中，必须假定一个点的高程为已知，才能据此确定其余点的高程，这种情况下，必要观测数 t 等于 $n - 1$（总点数减 1）。由于假定高程的点在平差中是作为已知点，所以还是归结为：必要观测个数等于未知点个数。

（2）水准网中条件方程的列立方法

①先列附合条件，再列闭合条件。

②附合条件按测段少的路线列立，附合条件的个数等于已知点的个数减 1。

③闭合条件按小环列立（保证最简），一个水准网中有多少个小环，就列多少个闭合条件。

（3）条件平差实例

例 4 - 1 如图 4 - 1 所示，A、B 为已知水准点，其高程 $H_A = +12.013$m，$H_B = +10.013$m。为了确定 C、D 点高程，共观测了 4 段高差，高差观测值及相应水准路线的路线长度为：

$$h_1 = -1.004\text{m}, s_1 = 2\text{km}, h_2 = 1.516\text{m}, s_2 = 1\text{km}$$

$$h_3 = 2.512\text{m}, s_3 = 2\text{km}, h_4 = 1.520\text{m}, s_4 = 1.5\text{km}$$

试按条件平差法求 C、D 点高程的平差值。

解： 此例中 $n = 4$，$t = 2$，$r = n - t = 2$，可列出两个条件方程。

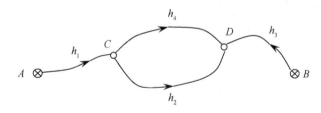

图 4-1 水准网

列条件方程：

$$\left. \begin{array}{r} \hat{h}_1 + \hat{h}_2 - \hat{h}_3 + H_A - H_B = 0 \\ \hat{h}_2 - \hat{h}_4 = 0 \end{array} \right\}$$

由此计算改正数条件方程闭合差：

$$\left. \begin{array}{r} w_a = h_1 + h_2 - h_3 + H_A - H_B = 0 \\ w_b = h_2 - h_4 = 4 \end{array} \right\}$$

列出改正数条件方程，确定观测值的权：

$$\left.\begin{array}{l}v_1 + v_2 - v_3 + 0 = 0\\v_1 - v_4 - 4 = 0\end{array}\right\}\text{或}\begin{bmatrix}1 & 1 & -1 & 0\\0 & 1 & 0 & -1\end{bmatrix}\begin{bmatrix}v_1\\v_2\\v_3\\v_4\end{bmatrix}+\begin{bmatrix}0\\-4\end{bmatrix}=\begin{bmatrix}0\\0\end{bmatrix}$$

令 $c=1$，则由定权公式 $p_i = \dfrac{c}{s_i} = \dfrac{1}{s_i}$，有：

$$P^{-1}=\begin{bmatrix}\dfrac{1}{p_1} & & & \\ & \dfrac{1}{p_2} & & \\ & & \dfrac{1}{p_3} & \\ & & & \dfrac{1}{p_4}\end{bmatrix}=\begin{bmatrix}s_1 & & & \\ & s_2 & & \\ & & s_3 & \\ & & & s_4\end{bmatrix}=\begin{bmatrix}2 & & & \\ & 1 & & \\ & & 2 & \\ & & & 1.5\end{bmatrix}$$

$$N_{aa}=AP^{-1}A^T=\begin{bmatrix}1 & 1 & -1 & 0\\0 & 1 & 0 & -1\end{bmatrix}\begin{bmatrix}2 & 0 & 0 & 0\\0 & 1 & 0 & 0\\0 & 0 & 2 & 0\\0 & 0 & 0 & 1.5\end{bmatrix}\begin{bmatrix}1 & 0\\1 & 1\\-1 & 0\\0 & -1\end{bmatrix}=\begin{bmatrix}5 & 1\\1 & 2.5\end{bmatrix}$$

组成法方程，求联系数 k。法方程为：

$$\begin{bmatrix}5 & 1\\1 & 2.5\end{bmatrix}\begin{bmatrix}k_a\\k_b\end{bmatrix}+\begin{bmatrix}0\\-4\end{bmatrix}=\begin{bmatrix}0\\0\end{bmatrix}$$

解出：

$$\begin{bmatrix}k_a\\k_b\end{bmatrix}=\begin{bmatrix}5 & 1\\1 & 2.5\end{bmatrix}^{-1}\begin{bmatrix}0\\-4\end{bmatrix}=\begin{bmatrix}-0.35\\1.74\end{bmatrix}$$

求观测值改正数和平差值，并检核：

$$V=\begin{bmatrix}v_1\\v_2\\v_3\\v_4\end{bmatrix}=P^{-1}A^TK=\begin{bmatrix}2 & 0 & 0 & 0\\0 & 1 & 0 & 0\\0 & 0 & 2 & 0\\0 & 0 & 0 & 1.5\end{bmatrix}\begin{bmatrix}1 & 0\\1 & 1\\-1 & 0\\0 & -1\end{bmatrix}\begin{bmatrix}-0.35\\1.74\end{bmatrix}=\begin{bmatrix}-0.7\\1.4\\0.7\\-2.6\end{bmatrix}\text{mm}$$

$$\hat{h}=\begin{bmatrix}\hat{h}_1\\\hat{h}_2\\\hat{h}_3\\\hat{h}_4\end{bmatrix}=h+V=\begin{bmatrix}-1.0047\\1.5174\\2.5127\\1.5174\end{bmatrix}\text{m}$$

注意代入条件方程检核，无误。

求 C、D 点高程平差值：

$$\hat{H} = \begin{bmatrix} \hat{H}_C \\ \hat{H}_D \end{bmatrix} = \begin{bmatrix} \hat{H}_A + \hat{h}_1 \\ \hat{H}_B + \hat{h}_3 \end{bmatrix} = \begin{bmatrix} 11.0083 \\ 12.5257 \end{bmatrix} m$$

任务 4.3 测角网条件平差

三角形网平差目的是求待定点平面坐标平差值，并进行精度评定。三角形网的种类分为测角网、测边网、边角同测网。无论网型多么复杂，三角网都是由三角形和大地四边形相互邻接或重叠而成。

4.3.1 条件方程个数的确定

确定一个平面控制网所需最低限度的已知数据为两个已知点或一个已知点、一条已知边（指纯测角网，有观测边的网型可不要）、一条边的已知坐标方位角。这些已知数据称为平面控制网的必要已知数据（水平控制网基准）。一个已知点固定平面控制网，使其不能平移；一条边的方位角固定平面控制网的方位，使其不能旋转；一条已知边固定平面控制网尺度，使其不能缩放。

下面首先根据控制网已知数据的情况，讨论必要观测数的确定。

（1）网中有两个以上已知点

此时网中有足够起算数据，根据确定一个未知数需要一个观测值的原则，设网中未知点数为 p，而确定一个未知点需要确定两个未知数（x、y 坐标），所以必要观测数 $t = 2p$。

（2）网中少于两个已知点

此时至少一个点的坐标必须是已知的，若没有就必须假定一个已知点。一个方位角必须是已知的或假定的。如果控制网是三角网形式，没有观测边不能计算，一条已知边或至少一条观测边是必需的。根据这一条边是已知值还是观测值，必要观测数分别如下。

1）视这条边为已知值

此时网中一个已知点、一条边的已知坐标方位角、一条已知边，等价于有两个已知点。设网中总点数为 m，必要观测数 $t = 2p = 2(m-1)$。

2）视这条边为必要观测值

此时必要观测数为 1）的情况加 1，所以 $t = 2(m-1) + 1 = 2m - 1$。

对于以上两种情况，若增加多余的已知边或已知方位角，则必要观测数应减去这些多余已知边和已知方位角数目。这是因为由于有了这条已知边（或已知方位角），若已知一个端点坐标，确定另一端点坐标，就只需要一个观测值了，所以必要观测数要减 1。

4.3.2 条件方程的列立

（1）独立测角网条件方程

独立测角网的几何条件有图形条件、圆周条件、极条件 3 种类型。

如图 4-2 所示的测角网，由于 $n = 9$，$t = zp = 2 \times 2 = 4$，所以 $r = n - t = 9 - 4 = 5$，即可以列出 5 个条件方程。

1）图形条件（内角和条件）

图形条件是指每个闭合的平面多边形中诸内角平差值之和应等于其理论值。例如，平面上任意三角形的内角和应等于 $180°$，n 多边形内角和应等于 $(n-2) \times 180°$。图 4-2 中可列出多个图形条件，但只能选择其中 3 个独立的条件参与平差，按照形式最简单的原则可列出图形条件为：

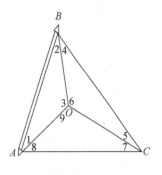

图 4-2 独立测角网

$$v_1 + v_2 + v_3 + wa = 0, wa = L_1 + L_2 + L_3 - 180°$$
$$v_4 + v_5 + v_6 + wb = 0, wb = L_4 + L_5 + L_6 - 180° \qquad (4-7)$$
$$v_7 + v_8 + v_9 + wc = 0, wc = L_7 + L_8 + L_9 - 180°$$

一般的，图形条件是最简单的条件方程，应优先建立。

2）圆周条件（水平条件）

当三角网中有中点多边形，并且在中心点上观测了全部中心角的角度，则各个中心角的平差值之和必须等于 $360°$，这个条件称为圆周条件，也称水平条件。因为只有在中心点上观测了全部中心角后，才能产生圆周条件，所以圆周条件的个数等于中心点的个数。

如图 4-2 所示，列出圆周条件方程为：

$$\begin{cases} v_3 + v_6 + v_9 + w_圆 = 0 \\ L_3 + L_6 + L_9 - 360° = w_圆 \end{cases} \qquad (4-8)$$

式中：$w_圆$ 为圆周条件闭合差。

平差时，如果仅仅满足了图形条件，还不能保证它的几何图形能够完全闭合。如果不能满足各中心角之和等于 $360°$ 这一几何条件，此时这一中点多边形将不闭合：当圆周角小于时，则产生如图 4-2 所示的缺口；当圆周角大于 $360°$ 时，则会有三角形的重叠。因此，在平差计算时，必须考虑圆周条件，使每个中心点上各中心角平差值的和等于 $360°$。

在图形条件已建立的情况下，圆周条件和多边形内角条件不能同时选定，否则条件方程线性相关。根据优选简单条件方程的原则，一般只建立圆周条件。

3）极条件（边长条件）

在大地四边形、中点多边形中，虽然图形条件和圆周条件都已经满足，但还是不能保证图形完全闭合。这是因为几何图形还与三角形的边长有关，边长过大或过小都不能使图形完全闭合，因此还必须考虑满足边长条件的问题。

在一定的图形中，若以三角形的公共顶点为极，由任意一边出发，围绕极点，用平差值推算各边长再回复到起始边，推算值应与起算值相等。凡是满足这一几何关系而构成的条件，就称为极条件。

极条件是中点多边形、大地四边形和扇形所具有的一种非线性条件方程。能以一点为极，由任意边起算，经过不同三角形传算边长，最后回到起始边。所以，极条件通常在上述 3 种图形中产生，而且每一个这样的图形，只能有一个独立的极条件。因此，测角网中的极条件个数，等于中点多边形、大地四边形和扇形极条件的总个数。

①中点多边形

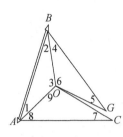

图4-3 不满足圆周角
条件的测角网

图4-3 是由 3 个三角形组成的中点多边形，设以中心点 O 为极，由 AO 从中心点的任一边开始，根据正弦定理，用平差后的角度推算 BO、CO 边，再回到 AO 边时，其推算长度等于该边原来的长度，即：

$$\hat{S}_{AC} = \hat{S}_{AC} = \frac{\sin \hat{L}_1}{\sin \hat{L}_2} \cdot \frac{\sin \hat{L}_4}{\sin \hat{L}_5} \cdot \frac{\sin \hat{L}_7}{\sin \hat{L}_8} \tag{4-9}$$

$$\frac{\sin \hat{L}_1 \sin \hat{L}_4 \sin \hat{L}_7}{\sin \hat{L}_2 \sin \hat{L}_5 \sin \hat{L}_8} - 1 = 0 \tag{4-10}$$

为得到其改正数条件方程形式，可用泰勒级数对上式左边展开并取至一次项：

$$\frac{\sin \hat{L}_1 \sin \hat{L}_4 \sin \hat{L}_7}{\sin \hat{L}_2 \sin \hat{L}_5 \sin \hat{L}_8} - 1 = \frac{\sin \hat{L}_7 \sin \hat{L}_4 \sin \hat{L}_7}{\sin \hat{L}_2 \sin \hat{L}_5 \sin \hat{L}_8} - 1 +$$

$$\frac{\sin L_1 \sin L_4 \sin L_7}{\sin L_2 \sin L_5 \sin L_8} \cot L_1 \frac{v_1}{\rho''} - \frac{\sin L_1 \sin L_4 \sin L_7}{\sin L_2 \sin L_5 \sin L_8} \cot L_2 \frac{v_2}{\rho''} +$$

$$\frac{\sin L_1 \sin L_4 \sin L_7}{\sin L_2 \sin L_5 \sin L_8} \cot L_4 \frac{v_4}{\rho''} - \frac{\sin L_1 \sin L_4 \sin L_7}{\sin L_2 \sin L_5 \sin L_8} \cot L_5 \frac{v_5}{\rho''} +$$

$$\frac{\sin L_1 \sin L_4 \sin L_7}{\sin L_2 \sin L_5 \sin L_8} \cot L_7 \frac{v_7}{\rho''} - \frac{\sin L_1 \sin L_4 \sin L_7}{\sin L_2 \sin L_5 \sin L_8} \cot L_8 \frac{v_8}{\rho''}$$

化简，即得极条件的改正数条件方程：

$$\cot L_1 v_1 - \cot L_2 v_2 + \cot L_4 v_4 - \cot L_5 v_5 + \cot L_7 v_7 - \cot L_8 v_8 + w_{极} = 0 \tag{4-11}$$

$$w_{极} = \rho'' \left(1 - \frac{\sin L_2 \sin L_5 \sin L_8}{\sin L_1 \sin L_4 \sin L_7} \right) \tag{4-12}$$

记忆规律：sin 变 cot；分子取 +；分母取 -；常数项颠倒。

②大地四边形

大地四边形中也存在着极条件，如图4-4所示，取一顶点（D）为极点，从极点出发的各条边之比等于1。

$$\frac{\overline{DB} \cdot \overline{DA} \cdot \overline{DC}}{\overline{DA} \cdot \overline{DC} \cdot \overline{DB}} - 1 = 0$$

把边长比换为角度正弦比：

$$\frac{\sin \hat{L}_1}{\sin(\hat{L}_7 + \hat{L}_8)} \times \frac{\sin(\hat{L}_3 + \hat{L}_4)}{\sin \hat{L}_2} \times \frac{\sin \hat{L}_7}{\sin \hat{L}_4} - 1 = 0$$

按照公式（4-11）的线性化规律，可得：

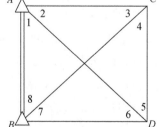

图4-4 大地四边形

$$\cot L_1 v_1 - \cot L_2 v_2 + \cot(L_3 + L_4) v_3 + \left(\cot(L_3 + L_4) - \cot L_4 \right) v_4 -$$

$$\left(\cot(L_7 + L_8) - \cot L_7 \right) v_7 - \cot(L_7 + L_8) v_8 + w_{极} = 0 \tag{4-13}$$

$$w_{极} = \rho'' \left(1 - \frac{\sin L_2 \sin L_4 \sin(L_7 + L_8)}{\sin L_1 \sin(L_3 + L_4) \sin L_7} \right) \tag{4-14}$$

用同样的方法还可以列出以 A、B、C 为极的其他 3 个极条件式。不仅如此，还可以选择大地四边形的对角线交点 O（O 点不是三角点）为极列出极条件式，其列出的方法和形式与中点多边形类似。

如图 4-5 所示，扇形是中点多边形的一种特例，即中心点落到多边形以外的折叠状中点多边形。此时，以 E 为极点可直接列出极条件。

（2）附合测角网的附合条件方程

三角网中至少具备 4 个必要起算数据：一点坐标、一条边的方位、一条边的边长或已知两点坐标，经平差后才能计算各待定点的坐标。倘若三角网的起算数据多于必要起算数据，则三角网中除产生独立网的几何条件外，还因有多余的起算数据而产生附合条件。这些条件方程的作用是：将所布设测角网强制附合到全部起算数据上，故称附合条件。

附合条件包括：基线条件或固定边条件、坐标方位角条件或固定角条件、纵横坐标条件。

1）基线条件或固定边条件

在三角网中，如果有两条或两条以上的已知边，由一条已知边起算，用平差后的角值经各三角形推算至另一已知边，其推算值应与该边的已知值相等，这就是基线条件或固定边条件。

如图 4-6 所示，AB 和 EF 都是已知边，其长度分别以 S_{AB} 和 S_{EF} 表示。若从已知边 AB 出发，用平差角推算至另一已知边 EF 时，可得：

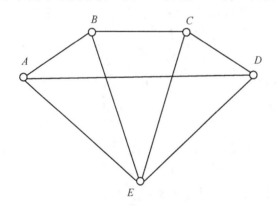

图 4-5 扇形测角网   图 4-6 附合测角网

$$S_{EF} = S_{AB} \frac{\sin \hat{L}_1 \sin \hat{L}_4 \sin \hat{L}_7 \sin \hat{L}_{10}}{\sin \hat{L}_2 \sin \hat{L}_5 \sin \hat{L}_8 \sin \hat{L}_{11}}$$

即：

$$\frac{S_{AB} \sin \hat{L}_1 \sin \hat{L}_4 \sin \hat{L}_7 \sin \hat{L}_{10}}{S_{EF} \sin \hat{L}_2 \sin \hat{L}_5 \sin \hat{L}_8 \sin \hat{L}_{11}} - 1 = 0$$

将上式线性化，并按泰勒级数展开后，可得：

$$\cot L_1 v_1 - \cot L_2 v_2 + \cot L_4 v_4 - \cot L_5 v_5 + \cot L_7 v_7 - \cot L_8 v_8$$
$$+ \cot L_{10} v_{10} - \cot L_{11} v_{11} - w_{\text{基}} = 0 \tag{4-15}$$

式中常数项 $w_{\text{基}}$ 为：

$$w_{\text{基}} = \rho'' \left(1 - \frac{S_{EF} \sin L_2 \sin L_5 \sin L_8 \sin L_{11}}{S_{AB} \sin L_1 \sin L_4 \sin L_7 \sin L_{10}} \right) \qquad (4\text{-}16)$$

在如图 4-6 所示的三角网中，两条已知边 AB 和 BC 连接在一起，构成已知点组，从已知边 AB 推算到另一已知边 BC，推算值应与已知值相等，这就是固定边条件。

如图 4-6 所示的固定边条件为：

$$\begin{cases} \cot L_1 v_1 + \cot L_4 v_4 - \cot L_3 v_3 - \cot L_6 v_6 + w_{\text{固边}} \\ w_{\text{固边}} = \rho'' \left(1 - \dfrac{\sin L_3 \sin L_6 S_{BC}}{\sin L_1 \sin L_4 S_{AB}} \right) \end{cases} = 0 \qquad (4\text{-}17)$$

2）坐标方位角条件或固定角条件

从一个已知方位角推算至另一个已知方位角，推算值应该与已知值相等。在图 4-6 中，已知边 AB 和 EF 的坐标方位角分别是 α_{BA}、α_{EF}。图中的箭头表示推算路径。

若从 α_{BA} 起算，用平差角推算 α_{EF}，则方位角条件平差值条件方程为：

$$\alpha_{EF} = \alpha_{BA} - \hat{L}_3 + \hat{L}_6 + \hat{L}_9 - \hat{L}_{12} \pm 3 \cdot 180°$$

将 $\hat{L}_1 = L_i + v_i$ 代入上式，并整理得：

$$-v_3 + v_6 + v_9 - v_{12} + w_{\text{方}} = 0 \qquad (4\text{-}18)$$

常数项：

$$w_{\text{方}} = -L_3 + L_6 + L_9 - L_{12} + \alpha_{BA} - \alpha_{EF} \pm 3 \cdot 180° \qquad (4\text{-}19)$$

当两个已知方位角的两条边相连接，这时的方位角条件称为固定角条件。如图 4-7 所示的固定角条件为：

$$\begin{cases} v_2 + v_5 + w_{\text{固角}} = 0 \\ \alpha_{BA} + L_2 + L_5 - \alpha_{BC} = w_{\text{固角}} \end{cases} \qquad (4\text{-}20)$$

3）纵横坐标条件

三角网中，由一已知点或已知点组的坐标起算，用经过平差后的角值推算到另一已知点或已知点组，其推算值应与该已知值相等。根据这个要求所列出的条件式，称为坐标条件式。

关于坐标条件的列立，在导线测量平差中详细介绍。

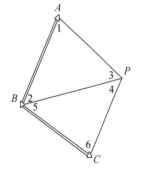

图 4-7　附合三角网

任务 4.4　测边网条件平差

测边网图形结构与三角网一样，同是那 3 种基本图形，两者的区别仅在于：三角网只是观测角度，而测边网只是观测边长。测边网观测的边长不仅确定了网的形状，还确定了网的大小。

确定一个三角形需要测 3 条边，基本图形单三角形没有多余观测边，因此，测边三角网没有条件方程。对于中点多边形，独立三角形个数等于边数减 1，考虑到公共边因素，确定中点 n 边形，必要观测数为 $2(n-1)+1$，实际观测值为 $2n$，所以 $r = 2n - 2(n-1) - 1 = 1$；确定一个大地四边形需要观测边 $t = 5$，实际观测 $n = 6$，所以 $r = 1$。可见，中点多边形和大地四边形各有一个条件方程，称图形条件。因此，测边网的条件方程数就是网中的中点多边形和大地四边形的个数。

　　一个三角形的 3 条边不像 3 个内角存在其和为 180° 的函数关系。测边网条件方程列法，主要有角度闭合法。其基本思想是，利用观测边求网中内角，先列出角度平差值应满足的条件，然后根据角度平差值与边长平差值的关系，以边长改正数代替角度改正数，最后得到用边长改正数表达的图形条件。

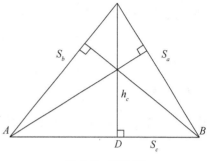

图 4-8　测边网

　　根据平面三角形的余弦定理，导出任意三边形用边改正数表示的角改正数的公式，是测边网列出改正数条件方程式的基本公式。

　　如图 4-8 所示，S_a、S_b 和 S_c 是边长观测值；A、B 和 C 是根据边长观测值按余弦定理计算出来的角度值。

　　余弦定理为：

$$S_c^2 = S_a^2 + S_b^2 - 2S_aS_b\cos C \tag{4-21}$$

取微分则有：

$$2S_c\mathrm{d}S_c = 2S_a\mathrm{d}S_a + 2S_b\mathrm{d}S_b - 2S_b\cos C\mathrm{d}S_a - 2S_a\cos C\mathrm{d}S_b + 2S_aS_b\sin C\mathrm{d}C \tag{4-22}$$

等式两端除以 $2S_c$ 得：

$$\mathrm{d}S_c = \frac{S_a - S_b\cos C}{S_c}\mathrm{d}S_a + \frac{S_b - S_a\cos C}{S_c}\mathrm{d}S_b + \frac{S_aS_b\sin C}{S_c}\mathrm{d}C \tag{4-23}$$

余弦定理另外两式为：

$$S_b^2 = S_a^2 + S_c^2 - 2S_aS_c\cos B \tag{4-24}$$

$$S_a^2 = S_b^2 + S_c^2 - 2S_bS_c\cos A \tag{4-25}$$

公式（4-21）和公式（4-24）相加得：

$$S_c^2 + S_b^2 = S_b^2 + S_c^2 + 2S_a^2 - 2S_aS_b\cos C - 2S_aS_c\cos B \tag{4-26}$$

化简后为：

$$\cos B = \frac{S_a - S_b\cos C}{S_c} \tag{4-27}$$

公式（4-21）和公式（4-25）相加化简后为：

$$\cos A = \frac{S_b - S_a\cos C}{S_c} \tag{4-28}$$

如图 4-8 所示，从点 C 向对边作垂线 h_c，在 $\triangle ACD$ 中：

$$h_c = S_b\sin A \tag{4-29}$$

在 $\triangle ABC$ 中：

$$\frac{\sin A}{S_a} = \frac{\sin C}{S_c}$$

将上式代入公式（4-29）得：

$$h_c = \frac{S_aS_b\sin C}{S_c}$$

将公式（4-27）和公式（4-28）及上式代入公式（4-23）得：

$$dS_a = \cos B dS_a + \cos A dS_b + h_c dC$$

边长微分 dS_a、dS_b 和 dS_c 分别用边长观测值的改正数 v_{S_a}、v_{S_b} 和 v_{S_c} 表示；角度微分 dA、dB 和 dC 分别用角度改正数 v_A、v_B 和 v_C 表示，则上式变为：

$$v_{S_c} = \cos B v_{S_a} + \cos A v_{S_b} + h_c v_C'' / \rho''$$

移项后为：

$$v_C'' = \frac{\rho''}{h_c}(v_{S_c} - \cos B v_{S_a} - \cos A v_{S_b}) \qquad (4-30)$$

把边长改正数变为以秒为单位，则有：

$$v_S'' = \frac{v_S}{S}\rho'' \qquad (4-31)$$

移项后为：

$$v_S = \frac{v_S'' S}{\rho''}$$

将上式代入公式（4-30）得：

$$v_C'' = \frac{S_a}{h_c}v_{S_c}'' - \frac{S_a}{h_c}\cos B v_{S_a}'' - \frac{S_b}{h_c}\cos A v_{S_b}''$$

因为：

$$\frac{S_c}{h_c} = \frac{1}{h_c}(\overline{AD} + \overline{DB}) = \frac{\overline{AD}}{h_c} + \frac{\overline{DB}}{h_c} = \frac{S_b \cos A}{h_c} + \frac{S_a \cos B}{h_c}$$

又：

$$\frac{S_b}{h_c}\cos A = \cot A , \frac{S_a}{h_c}\cos B = \cot B$$

所以：

$$\frac{S_c}{h_c} = \cot A + \cot B$$

故：

$$v_C'' = (\cot A + \cot B)v_{S_c}'' - \cot B v_{S_a}'' - \cot A v_{S_b}''$$

即一个三角形中，用以秒为单位的边改正数表示的角改正数公式，公式的组成规律是：某角的改正数等于其对边改正数乘上该对边两个邻角余切之和，减去某角两邻边改正数乘其相应邻角（某角除外）的余切。

同理，仿公式（4-31）推导，给出 V_A'' 和 V_B'' 与边长改正数计算公式，最后可得由边长改正数表示的条件方程为：

$$V_A'' + V_B'' + V_C'' + W = 0$$

其他测边网条件方程式的列立也遵循一样的方法。总之，将复杂图形分解成典型图形，更容易正确地列出条件方程式。

任务 4.5 导线测量条件方程

边角网与测角网、测边网相同，但其既测角又测边，所以条件方程式既有测角网中的角条件又有测边网中的边条件。导线网即是边角网的一种形式，其应用很广泛，所以仅以导线网为例介绍边角网平差的方法。

4.5.1 条件方程式的列立

对于单一附合导线条件平差：如图 4-9 所示，观测边数为 n，观测角数为 $n+1$，待定点数为 $n-1$，则必要观测个数 $t=2(n-1)=2n-2$。因此，多余观测个数（条件式个数）为 $r=n+n+1-(2n-2)=3$，附合导线的条件方程数恒等于 3，即有 3 个条件方程：1 个方位角附合条件；2 个坐标附合条件。

（1）方位角附合条件

平差值条件方程：

$$\alpha_{AB} + \sum_{i=1}^{n+1} \hat{\beta}_i \pm n \times 180° - \alpha_{CD} = 0 \tag{4-32}$$

改正数条件方程：

$$v_{\beta_1} + v_{\beta_2} + v_{\beta_3} + \cdots + v_{\beta_n} + v_{\beta_{n+1}} + w_\alpha = 0 \tag{4-33}$$

条件方程闭合差：

$$w_\alpha = \alpha_{AB} + \sum_{i=1}^{n+1} \beta_i \pm n \times 180° - \alpha_{CD}$$

若导线的 A 点与 C 点重合，则形成一闭合导线，由此坐标方位角条件就成了多边形的图形闭合条件。

（2）坐标闭合条件

由已知点 A 用观测值平差值推算 C 点坐标，应闭合于已知点 C 坐标。

设以 $\Delta\hat{x}_1$、$\Delta\hat{x}_2$、$\cdots$、$\Delta\hat{x}_n$ 表示如图 4-9 所示各导线边的纵坐标增量的平差值；$\Delta\hat{y}_1$、$\Delta\hat{y}_2$、$\cdots$、$\Delta\hat{y}_n$ 表示各导线边的横坐标增量的平差值。

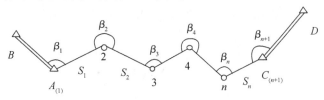

图 4-9 附合导线

由图 4-9 可写出以坐标增量平差值表示的纵横坐标条件：

$$\left.\begin{aligned} \hat{x}_C &= x_A + \sum_1^n \Delta\hat{x}_i \\ \hat{y}_C &= y_A + \sum_1^n \Delta\hat{y}_i \end{aligned}\right\} \tag{4-34}$$

所以：

$$\left.\begin{aligned}\hat{x}_C - x_C &= 0\\ \hat{y}_C - x_C &= 0\end{aligned}\right\} \tag{4-35}$$

根据：

$$\left.\begin{aligned}\Delta\hat{x}_i &= \hat{S}_i\cos\hat{\alpha}_i\\ \Delta\hat{y}_i &= \hat{S}_i\sin\hat{\alpha}_i\end{aligned}\right\} \tag{4-36}$$

线性化后得：

$$\left.\begin{aligned}\Delta\hat{x}_i &= \Delta x_i + \cos\alpha_i v_{S_i} - \Delta y_i\frac{v_{\alpha_i}}{\rho''}\\ \Delta\hat{y}_i &= \Delta y_i + \sin\alpha_i v_{S_i} + \Delta x_i\frac{v_{\alpha_i}}{\rho''}\end{aligned}\right\} \tag{4-37}$$

而：

$$\hat{\alpha}_i = \alpha_{AB} + \sum_{j=1}^{i}\hat{\beta}_j \pm (i-1)\times 180°$$

即：

$$\alpha_i + v_{\alpha_i} = \alpha_{AB} + \sum_{j=1}^{i}(\beta_j + v_{\beta_j}) \pm (i-1)\times 180°$$

因此：

$$v_{\alpha_i} = \sum_{j=1}^{i} v_{\beta_j} \tag{4-38}$$

将公式（4-38）代入公式（4-37），将式中的方位角改正数用角度改正数替代：

$$\left.\begin{aligned}\Delta\hat{x}_i &= \Delta x_i + \cos\alpha_i v_{S_i} - \frac{\Delta y_i}{\rho''}\sum_{j=1}^{i} v_{\beta_j}\\ \Delta\hat{y}_i &= \Delta y_i + \sin\alpha_i v_{S_i} + \frac{\Delta x_i}{\rho''}\sum_{j=1}^{i} v_{\beta_j}\end{aligned}\right\} \tag{4-39}$$

再将公式（4-39）代回公式（4-35）得：

$$\left.\begin{aligned}\sum_{i=1}^{n}\cos\alpha_i v_{S_i} - \frac{1}{\rho''}\sum_{i=1}^{n}\left(\Delta y_i\sum_{j=1}^{i} v_{\beta_j}\right) + w_x &= 0\\ \sum_{i=1}^{n}\sin\alpha_i v_{S_i} + \frac{1}{\rho''}\sum_{i=1}^{n}\left(\Delta x_i\sum_{j=1}^{i} v_{\beta_j}\right) + w_y &= 0\end{aligned}\right\} \tag{4-40}$$

其中：

$$\left.\begin{aligned}w_x &= x_A + \sum_{i=1}^{n}\Delta x_i - x_C\\ w_y &= y_A + \sum_{i=1}^{n}\Delta y_i - y_C\end{aligned}\right\} \tag{4-41}$$

而公式（4-40）中：

$$\begin{aligned}\sum_{i=1}^{n}\left(\Delta y_i\sum_{j=1}^{i} v_{\beta_j}\right) &= \Delta y_1 v_{\beta_1} + \Delta y_2(v_{\beta_1} + v_{\beta_2}) +\\ \Delta y_3(v_{\beta_1} + v_{\beta_2} + v_{\beta_3}) &+ \cdots + \Delta y_n(v_{\beta_1} + v_{\beta_2} + \cdots + v_{\beta_n})\\ &= (y_{n+1} - y_1)v_{\beta_1} + (y_{n+1} - y_2)v_{\beta_2} + \cdots + (y_{n+1} - y_n)v_{\beta_n}\end{aligned} \tag{4-42}$$

可以得到：

$$
\left.\begin{array}{l}
\sum_{i=1}^{n}\left(\Delta y_i \sum_{j=1}^{i} v_{\beta_j}\right) = \sum_{i=1}^{n}\left(y_{n+1} - y_i\right) v_{\beta_i} \\[3mm]
\sum_{i=1}^{n}\left(\Delta x_i \sum_{j=1}^{i} v_{\beta_j}\right) = \sum_{i=1}^{n}\left(x_{n+1} - x_i\right) v_{\beta_i}
\end{array}\right\}
\tag{4-43}
$$

将公式（4-43）代入公式（4-40），即得到附合导线坐标闭合条件方程的最终形式：

$$
\left.\begin{array}{l}
\sum_{i=1}^{n} \cos\alpha_i v_{S_i} - \dfrac{1}{\rho} \sum_{i=1}^{n}\left(y_{n+1} - y_i\right) v_{\beta_i} + w_x = 0 \\[3mm]
\sum_{i=1}^{n} \sin\alpha_i v_{S_i} + \dfrac{1}{\rho} \sum_{i=1}^{n}\left(x_{n+1} - x_i\right) v_{\beta_i} + w_y = 0
\end{array}\right\}
\tag{4-44}
$$

式中：近似坐标直接用观测值计算，若 v_{β_i} 的单位取秒，v_{S_i}、w_x、w_y 的单位取厘米，x_i、y_i 的单位取米，则 ρ 取 2062.65。

4.5.2　边角权的确定

权的确定：

$$
p_\beta = \frac{\hat{\sigma}_0^2}{\hat{\sigma}_\beta^2}, \quad p_S = \frac{\hat{\sigma}_0^2}{\hat{\sigma}_S^2}
\tag{4-45}
$$

一般取 $\hat{\sigma}_0 = \hat{\sigma}_\beta$，则：

$$
p_\beta = 1, \quad p_S = \sigma_\beta^2 / \sigma_S^2
$$

4.5.3　附合导线的精度评定

（1）单位权中误差

单一附合导线计算单位权中误差公式与边角网相同，即：

$$
\hat{\sigma}_0 = \sqrt{\frac{[pvv]}{r}} = \sqrt{\frac{\left[P_\beta v_\beta v_\beta\right] + \left[P_S v_S v_S\right]}{r}}
\tag{4-46}
$$

（2）测边中误差的计算

$$
\hat{\sigma}_{S_i} = \hat{\sigma}_0 \sqrt{\frac{1}{p_{S_i}}}
\tag{4-47}
$$

（3）平差值的权函数式

为了评定平差值函数的精度，必须要列出权函数式。一般有下列 3 种函数式。

1）边长平差值权函数式

由导线边 $\hat{S}_i = S_i + v_{S_i}$，故其权函数式为：

$$
v_{F_{S_i}} = v_{S_i}
\tag{4-48}
$$

2）坐标方位角平差值权函数式

单一附合导线的任一边的坐标方位角的计算式为：

$$
v_{F_{\alpha_i}} = \sum_{j=1}^{i} v_{\beta_j}
\tag{4-49}
$$

$$
\hat{\alpha}_i = \alpha_{BA} + \sum_{j=1}^{i} \beta_j \pm (i-1) \times 180°
$$

3）坐标平差值的权函数式

点坐标平差值的权函数式为：

$$
\left.\begin{aligned}
v_{F_{x_i}} &= \sum_{j=1}^{i} \cos\alpha_j v_{S_j} - \sum_{j=1}^{i} \frac{y_i - y_j}{\rho} v_{\beta_j} \\
v_{F_{y_i}} &= \sum_{j=1}^{i} \sin\alpha_j v_{S_j} + \sum_{j=1}^{i} \frac{x_i - x_j}{\rho} v_{\beta_j}
\end{aligned}\right\}
\tag{4-50}
$$

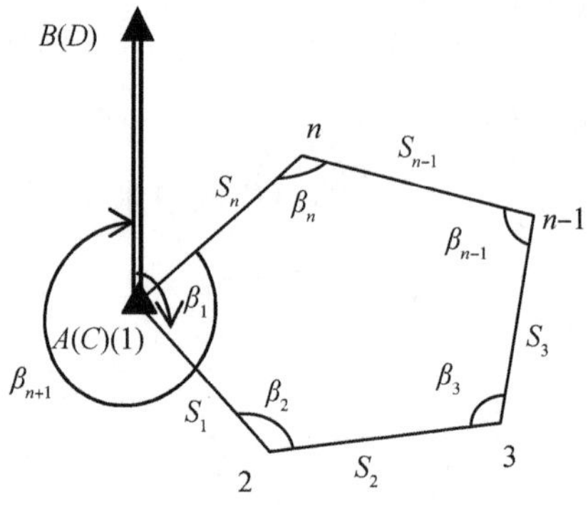

图 4-10　闭合导线

综上所述，单一附合导线平差计算的基本程序如下：

①计算各边近似方位角 α_i 和各点的近似坐标增量值 Δx_i、Δy_i；

②参照公式（4-32）写出方位角条件式，参照公式（4-44）写出纵横坐标条件方程式，注意单位统一；

③按照条件平差计算的一般程序，计算最或是值并进行精度评定。

只要将 A 和 C、B 和 D 点分别重合，即可得到闭合导线，如图 4-10 所示。

闭合导线方程个数和附合导线的数目、类型都一样，都是 3 个条件方程，分别如下。

内角和条件：

$$
\sum_{i=1}^{n+1} \beta_i \pm n \times 180° = 0
$$

$$
\sum_{i=1}^{n+1} v_{\beta_i} + w_\beta = 0
\tag{4-51}
$$

其中：

$$
w_\beta = \sum_{i=1}^{n+1} \beta_i \pm n \times 180°
\tag{4-52}
$$

坐标条件类似公式（4-44），即：

$$
\sum_{i=1}^{n} \Delta\hat{x}_i = 0
$$

$$
\sum_{i=1}^{n} \Delta\hat{y}_i = 0
$$

$$
\left.\begin{aligned}
\sum_{i=1}^{n} \cos\alpha_i \cdot v_{S_i} - \frac{1}{\rho''} \sum_{i=1}^{n} (y_{n+1} - y_i) v_{\beta_i} + w_x &= 0 \\
\sum_{i=1}^{n} \sin\alpha_i \cdot v_{S_i} + \frac{1}{\rho''} \sum_{i=1}^{n} (x_{n+1} - x_i) v_{\beta_i} + w_y &= 0
\end{aligned}\right\}
\tag{4-53}
$$

其中：

$$
w_x = \sum_{i=1}^{n} \Delta x_i = x_{n+1} - x_1
$$

$$w_y = \sum_{i=1}^{n} \Delta y_i = y_{n+1} - y_1 \tag{4-54}$$

任务 4.6 精度评定

在条件平差中，精度评定包括给出单位权方差的估值计算公式和平差值函数的协因数及中误差的计算公式，为此，还要导出有关向量平差后的协因数阵。

在一般情况下，观测向量的协方差阵往往是不知道的，为了评定精度，还要利用改正数计算单位权方差的估值，然后才能计算所需的各向量的协方差阵和任何平差结果的精度。

4.6.1 $V^T P V$ 的计算

二次型 $V^T P V$ 可以利用已经计算出的 V 和已知的 P 计算，也可以按照以下公式进行计算：

$$V^T P V = (QA^T K)^T P (QA^T K) = K^T A Q P Q A^T K = K^T N_{aa} K$$

$$V^T P V = V^T P (QA^T K) = V^T P Q A^T K = (AV)^T K = -W^T K = W^T N_{aa}^{-1} W$$

4.6.2 单位权方差的估值公式

因为用真误差表示的条件方程为：

$$A\tilde{L} + A_0 = 0, A\Delta + W = 0$$

故有：

$$V^T P V = W^T K = W^T N_{aa}^{-1} W$$

$$= \Delta^T A^T N_{aa}^{-1} A \Delta$$

$$= tr(\Delta^T A^T N_{aa}^{-1} A \Delta)$$

$$= tr(\Delta \Delta^T A^T N_{aa}^{-1} A)$$

上式两边取数学期望，得：

$$E(V^T P V) = tr(E(\Delta \Delta^T) A^T N_{aa}^{-1} A)$$

$$= tr(\sigma_0^2 Q A^T N_{aa}^{-1} A)$$

$$= \sigma_0^2 \times tr(A Q A^T N_{aa}^{-1})$$

$$= \sigma_0^2 \times tr(\underset{r \times r}{I})$$

$$= r \sigma_0^2$$

这样：

$$\sigma_0^2 = \frac{E(V^T P V)}{r} = \frac{E(V^T P V)}{n - t}$$

其估值公式为：

$$\hat{\sigma}_0^2 = \frac{V^T P V}{r} = \frac{V^T P V}{n - t}, \hat{\sigma}_0 = \sqrt{\frac{V^T P V}{r}} = \sqrt{\frac{V^T P V}{n - t}} \tag{4-55}$$

4.6.3 协因数阵

在条件平差中，基本向量 L、W、K、V、$\hat{L}$，通过平差计算后，它们都可以表示为观测向量 L 的函数。设向量：

$$Z^T = (L \quad W \quad K \quad V \quad \hat{L})^T$$

则 Z 的协因素阵是：

$$Q_{ZZ} = \begin{bmatrix} Q_{LL} & Q_{LW} & Q_{LK} & Q_{LV} & Q_{L\hat{L}} \\ Q_{WL} & Q_{WW} & Q_{WK} & Q_{WV} & Q_{W\hat{L}} \\ Q_{KL} & Q_{KW} & Q_{KK} & Q_{KV} & Q_{K\hat{L}} \\ Q_{VL} & Q_{VW} & Q_{VK} & Q_{VV} & Q_{V\hat{L}} \\ Q_{\hat{L}L} & Q_{\hat{L}W} & Q_{\hat{L}K} & Q_{\hat{L}V} & Q_{\hat{L}\hat{L}} \end{bmatrix}$$

实际上 Q_{LL} 是已知的，下面求 Q_{ZZ} 中的各协因素阵：

$L = L$

$W = AL + A_0$

$K = -N_{aa}^{-1}W = -N_{aa}^{-1}AL - N_{aa}^{-1}A_0$

$V = QA^TK = -QA^TN_{aa}^{-1}AL - QA^TN_{aa}^{-1}A_0$

$\hat{L} = L + V = (I - QA^TN_{aa}^{-1}A)L - QA^TN_{aa}^{-1}A_0$

根据协因素传播定律，可得随机向量 L、W、K、V、$\hat{L}$ 的协因素阵和互协因素阵表达式是：

$Q_{LL} = Q$

$Q_{LW} = QA^T$

$Q_{LK} = Q(-N_{aa}^{-1}A)^T = -QA^TN_{aa}^{-1}$

$Q_{LV} = -Q(QA^TN_{aa}^{-1}A)^T = -QA^TN_{aa}^{-1}AQ$

$Q_{L\hat{L}} = Q(I - QA^TN_{aa}^{-1}A)^T = Q - QA^TN_{aa}^{-1}AQ = Q + Q_{LV}$

$Q_{WW} = AQA^T = N_{aa}$

$Q_{WK} = AQ(-N_{aa}^{-1}A)^T = -AQA^TN_{aa}^{-1} = -I$

$Q_{WV} = AQ(-QA^TN_{aa}^{-1}A)^T = -AQA^TN_{aa}^{-1}AQ = -AQ$

$Q_{W\hat{L}} = AQ(I - QA^TN_{aa}^{-1}A)^T = AQ(I - A^TN_{aa}^{-1}AQ) = 0$

$Q_{KK} = (-N_{aa}^{-1}A)Q(-N_{aa}^{-1}A)^T = N_{aa}^{-1}$

$Q_{KV} = (-N_{aa}^{-1}A)Q(-QA^TN_{aa}^{-1}A)^T = N_{aa}^{-1}AQA^TN_{aa}^{-1}AQ = N_{aa}^{-1}AQ$

$Q_{K\hat{L}} = (-N_{aa}^{-1}A)Q(I - QA^TN_{aa}^{-1}A)^T = -N_{aa}^{-1}AQ(I - A^TN_{aa}^{-1}AQ) = 0$

$Q_{VV} = (-QA^TN_{aa}^{-1}A)Q(-QA^TN_{aa}^{-1}A)^T = QA^TN_{aa}^{-1}AQA^TN_{aa}^{-1}AQ$

$\qquad = QA^TN_{aa}^{-1}AQ = -Q_{LV}$

$Q_{V\hat{L}} = (-QA^TN_{aa}^{-1}A)Q(I - QA^TN_{aa}^{-1}A)^T = 0$

$Q_{\hat{L}\hat{L}} = Q_{LL} + Q_{LV} + Q_{VL} + Q_{VV} = Q - Q_{VV}$

$$Q_{\hat{L}\hat{L}} = (I - QA^TN_{aa}^{-1}A)Q(I - QA^TN_{aa}^{-1}A)^T = (Q - QA^TN_{aa}^{-1}AQ)(I - A^TN_{aa}^{-1}AQ)$$

$$= Q - QA^TN_{aa}^{-1}AQ - QA^TN_{aa}^{-1}AQ + QA^TN_{aa}^{-1}AQA^TN_{aa}^{-1}AQ$$

$$= Q - QA^TN_{aa}^{-1}AQ$$

$$= Q - Q_{VV}$$

4.6.4　平差值函数的协因数

设有平差值函数为：$\hat{\phi} = f(\hat{L}_1, \hat{L}_2, \cdots, \hat{L}_n)$，考虑到 $\tilde{L} = L + \Delta$，$\hat{L} = \tilde{L} + V$，故有 $\hat{L} = \tilde{L} + (V - \Delta)$，则平差值函数的一阶泰勒展开是：

$$\hat{\phi} = f(\tilde{L}_1, \tilde{L}_2, \cdots, \tilde{L}_n) + \sum \frac{\partial f}{\partial \hat{L}_i}\bigg|_{\tilde{L}}(V_i - \Delta_i)$$

令：

$$f_i = \frac{\partial f}{\partial \hat{L}_i}\bigg|_{\tilde{L}}, F = (f_1, f_2, \cdots, f_n)^T, f_0 = (\tilde{L}_1, \tilde{L}_2, \cdots, \tilde{L}_n)$$

则有：

$$\hat{\phi} = f(\tilde{L}_1, \tilde{L}_2, \cdots, \tilde{L}_n) + (F^T - F^T)\begin{bmatrix} V \\ \Delta \end{bmatrix}$$

$$Q_{\hat{\phi}\hat{\phi}} = (F^T - F^T)\begin{bmatrix} Q_{VV} & Q_{V\Delta} \\ Q_{\Delta V} & Q_{\Delta\Delta} \end{bmatrix}\begin{bmatrix} F \\ -F \end{bmatrix}$$

$$= F^TQ_{VV}F - F^TQ_{\Delta V}F - F^TQ_{V\Delta}F + F^TQ_{\Delta\Delta}F$$

因为 $\Delta = \tilde{L} - L$，所以 $Q_{\Delta\Delta} = Q$、$Q_{\Delta V} = -Q_{LV} = Q_{VV}$，则：

$$Q_{\hat{\phi}\hat{\phi}} = F^TQF - F^TQ_{VV}F = F^T(Q - Q_{VV})F = F^TQ_{\hat{L}\hat{L}}F \tag{4-56}$$

或者：

$$Q_{\hat{\phi}\hat{\phi}} = F^TQF - F^TQA^TN_{aa}^{-1}AQF \tag{4-57}$$

$$= F^TQF - (AQF)^TN_{aa}^{-1}(AQF)$$

任务4.7　条件平差算法与算例

4.7.1　条件平差算法

（1）列条件方程

根据实际问题，确定出总观测值的个数 n、必要观测值的个数 t 及多余观测个数 $r = n - t$，进一步列出最或是值条件方程或改正数条件方程。

（2）组成法方程

根据条件方程的系数、闭合差及观测值的权（或协因数阵）组成法方程，法方程的个数等于多余观测的个数。

（3）解算法方程

解算法方程，计算出联系数 K。

（4）计算平差值

将 K 代入改正数方程，计算出观测值改正数 V，进而计算出观测值的平差值。

（5）检验

用平差值检验平差计算结果。

（6）精度评定

4.7.2 条件平差算例

（1）算例1

如图4-11所示，在测站 O 点等精度观测了4个方向，方向观测值如下：

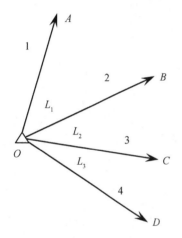

图4-11 方向观测

$$\alpha_1 = 00°00'00'', \alpha_2 = 30°35'28'', \alpha_3 = 70°40'30'', \alpha_4 = 128°58'46''$$

又知 $\angle AOD = 128°58'40''$，是精确值。试以 L_1、L_2、L_3 为平差元素，顾及相关性，按照条件平差法求各角的最或然值和精度。

解：角度 L_1、L_2、L_3 的观测值是：

$$L = \begin{bmatrix} L_1 \\ L_2 \\ L_3 \end{bmatrix} = F^T \alpha = \begin{bmatrix} -1 & 1 & 0 & 0 \\ 0 & -1 & 1 & 0 \\ 0 & 0 & -1 & 1 \end{bmatrix} \begin{bmatrix} \alpha_1 \\ \alpha_2 \\ \alpha_3 \\ \alpha_4 \end{bmatrix} = \begin{bmatrix} 30°35'28'' \\ 40°05'02'' \\ 58°18'16'' \end{bmatrix}$$

$$Q_{LL} = F^T Q_{\alpha\alpha} F = F^T F = \begin{bmatrix} 2 & -1 & 0 \\ -1 & 2 & -1 \\ 0 & -1 & 2 \end{bmatrix}$$

由题意可知：

$$n = 3, t = 2, r = n - t = 1$$

$$\hat{L}_1 + \hat{L}_2 + \hat{L}_3 - 128°58'40'' = 0$$

$$V_1 + V_2 + V_3 + 6'' = 0$$

即：

$$AV + W = 0$$

$$A = \begin{bmatrix} 1 & 1 & 1 \end{bmatrix}, W = 6''$$

$$N_{aa} = A Q_{LL} A^T = \begin{bmatrix} 1 & 1 & 1 \end{bmatrix} \begin{bmatrix} 2 & -1 & 0 \\ -1 & 2 & -1 \\ 0 & -1 & 2 \end{bmatrix} \begin{bmatrix} 1 \\ 1 \\ 1 \end{bmatrix} = 2$$

$$K = -N_{aa}^{-1} W = -3''$$

求得改正数为：

$$V = Q A^T K = \begin{bmatrix} 2 & -1 & 0 \\ -1 & 2 & -1 \\ 0 & -1 & 2 \end{bmatrix} \begin{bmatrix} 1 \\ 1 \\ 1 \end{bmatrix} \begin{bmatrix} -3'' \end{bmatrix} = \begin{bmatrix} -3'' \\ 0 \\ -3'' \end{bmatrix}$$

所以，平差值为：

$$\hat{L} = L + V = \begin{bmatrix} 30°35'25'' \\ 40°05'02'' \\ 58°18'13'' \end{bmatrix}$$

$$Q_{\hat{L}\hat{L}} = Q - QA^T N_{aa}^{-1} AQ = \begin{bmatrix} 1.5 & -1 & -0.5 \\ -1 & 2 & -1 \\ -0.5 & -1 & 1.5 \end{bmatrix}$$

$$V^T PV = -W^T K = 18$$

$$\hat{\sigma}_0^2 = \frac{V^T PV}{r} = 18$$

求得精度为：

$$\sigma_{\hat{L}_1} = \hat{\sigma}_0 \sqrt{Q_{\hat{L}_1\hat{L}_1}} = \sqrt{18 \times 1.5} = 4.9'' = \sigma_{\hat{L}_3}$$

$$\sigma_{\hat{L}_2} = \hat{\sigma}_0 \sqrt{Q_{\hat{L}_2\hat{L}_2}} = \sqrt{18 \times 2} = 6.0''$$

（2）算例 2

如图 4-12 所示，A 点和 P 点为等级三角点，PA 方向的方位角已知，在测站 P 上等精度测得的各方向的夹角观测值如下：

$$\alpha_{PA} = 48°24'36'', L_1 = 55°32'16'', L_2 = 73°03'08'', L_3 = 126°51'28'', L_4 = 104°33'20''$$

试用条件平差法，计算各观测值的平差值、PC 方向的方位
角 α_{PC} 及其精度 $\hat{\sigma}_{\alpha_{PC}}$。

解：本题中 $n = 4$，$t = 3$，则条件方程个数为
$r = n - t = 1$。

因为是等精度观测，取观测值权阵：

$$P = \begin{bmatrix} P_1 & & & \\ & P_2 & & \\ & & P_3 & \\ & & & P_4 \end{bmatrix} = \begin{bmatrix} 1 & & & \\ & 1 & & \\ & & 1 & \\ & & & 1 \end{bmatrix}$$

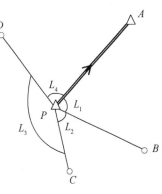

图 4-12　方向观测

由 $A\hat{L} + A_0 = 0$，列出平差值条件方程：

$$\hat{L}_1 + \hat{L}_2 + \hat{L}_3 + \hat{L}_4 - 360° = 0$$

由 $W = AL + A_0$，计算闭合差：

$$W = (AL + A_0) = \begin{bmatrix} 1 & 1 & 1 & 1 \end{bmatrix} \begin{bmatrix} 55°32'16'' \\ 73°03'08'' \\ 126°51'28'' \\ 104°33'20'' \end{bmatrix} - 360° = 12''$$

由 $AV + W = 0$，写出改正数条件方程式：

$$\begin{bmatrix} 1 & 1 & 1 & 1 \end{bmatrix} \begin{bmatrix} v_1 \\ v_2 \\ v_3 \\ v_4 \end{bmatrix} + 12'' = 0$$

根据 $AP^{-1}A^T K + W = 0$，写出法方程：

$$4k_a + 12'' = 0$$

由 $K = -N_{aa}^{-1}W$，计算联系数：

$$k_a = -3''$$

由 $V = P^{-1}A^TK$，计算各改正数：

$$V = P^{-1}A^TK = \begin{bmatrix} 1 & & & \\ & 1 & & \\ & & 1 & \\ & & & 1 \end{bmatrix}\begin{bmatrix} 1 \\ 1 \\ 1 \\ 1 \end{bmatrix}\begin{bmatrix} -3 \end{bmatrix} = \begin{bmatrix} -3'' \\ -3'' \\ -3'' \\ -3'' \end{bmatrix}$$

由 $\hat{L} = L + V$，计算观测值平差值：

$$\begin{bmatrix} \hat{L}_1 \\ \hat{L}_2 \\ \hat{L}_3 \\ \hat{L}_4 \end{bmatrix} = \begin{bmatrix} L_1 + V_1 \\ L_2 + V_2 \\ L_3 + V_3 \\ L_4 + V_4 \end{bmatrix} = \begin{bmatrix} 55°32'13'' \\ 73°03'05'' \\ 126°51'25'' \\ 104°33'17'' \end{bmatrix}$$

计算单位权中误差：

$$V^TPV = \begin{bmatrix} -3 & -3 & -3 & -3 \end{bmatrix}\begin{bmatrix} 1 & & & \\ & 1 & & \\ & & 1 & \\ & & & 1 \end{bmatrix}\begin{bmatrix} -3 \\ -3 \\ -3 \\ -3 \end{bmatrix} = 36$$

$$\hat{\sigma}_0 = \sqrt{\frac{V^TPV}{r}} = \sqrt{\frac{36}{1}} = 6''$$

PC 边的方位角：

$$\alpha_{PC} = \begin{bmatrix} 1 & 1 & 0 & 0 \end{bmatrix}\begin{bmatrix} \hat{L}_1 \\ \hat{L}_2 \\ \hat{L}_3 \\ \hat{L}_4 \end{bmatrix} + 48°24'36'' = 176°59'54''$$

其中系数阵为：

$$f^T = \begin{bmatrix} 1 \\ 1 \\ 0 \\ 0 \end{bmatrix}$$

计算 PC 边的协因数：

$$Q_{\alpha_{PC}} = f^TQf - f^TQA^TN^{-1}AQf$$

则 PC 边方位角的中误差为：

$$\hat{\sigma}_{\alpha_{PC}} = \hat{\sigma}_0\sqrt{Q_{\alpha_{PC}}} = 6''$$

习 题

1. 在水准网的条件平差中，条件方程的个数是多少？多余观测数与条件方程个数有怎样的关系？

2. 怎样由条件方程组成法方程？

3. 试列出如图 4-13 所示各水准网的条件方程。

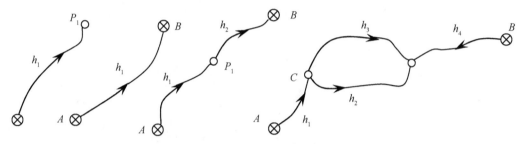

图 4-13 水准网路线

4. 试列出如图 4-14 所示水准网的改正数条件方程。

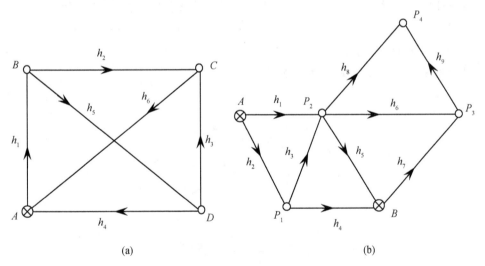

(a)   (b)

图 4-14 水准网 1

5. 如表 4-1 和图 4-15 所示，在水准网 2 中，A、B、C 为已知水准点，P_1、P_2、P_3 为待定点，在表 4-1 所示为已知水准点的高程、各水准路线的长度及观测高差，试用条件平差法求 P_1、P_2、P_3 点高程的平差值。

表 4-1 水准线路观测值 1

线号	高差（m）	路线长度（km）	点号	高程（m）
1	1.100	4	A	55.000
2	3.399	2	B	52.947

续表

线号	高差	路线长度（km）	点号	高程
3	0.200	4	C	57.153
4	1.002	2		
5	4.404	2		
6	3.452	4		

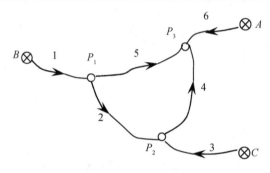

图 4-15　水准网 2

6. 在如图 4-16 所示的水准网 3 中，观测高差及路线长度如表 4-2 所示。

已知 A、B 点高程为：$H_A = 50.000\text{m}$，$H_B = 40.000\text{m}$，试用条件平差法求：

① 各观测高差的平差值；

② 平差后 P_1 到 P_1 点间高差的中误差 σ_φ。

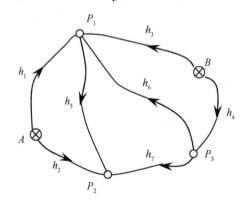

图 4-16　水准网 3

表 4-2　水准测量观测值 2

观测路线号	观测高差（m）	路线长度（km）	观测路线号	观测高差（m）	路线长度（km）
1	1.359	1	5	0.657	1
2	2.009	1	6	1.000	1
3	11.363	2	7	1.650	2
4	10.364	2			

项目五　间接平差

任务5.1　间接平差原理

间接平差是通过选定 t 个独立的参数，将每个观测值分别表示成这 t 个独立的参数的函数，建立函数模型，按照最小二乘原理，用求自由极值的方法解出参数的最或然值，从而求得各观测值的平差值。

间接平差的函数模型是：

$$\tilde{L} = B\tilde{X} + d \tag{5-1}$$

令 $\tilde{L} = L + \Delta$，$\tilde{X} = X^0 + \tilde{x}$（$X^0$ 为参数的近似值，$\tilde{x}$ 是参数的改正值，都是非随机量）则有：

$$\Delta = B\tilde{x} - l, l = -(BX^0 + d - L) = L - (BX^0 + d)$$

间接平差的随机模型是：

$$D = \sigma_0^2 Q = \sigma_0^2 P^{-1} \tag{5-2}$$

在实际应用中，是以平差值（最或然值）估计真值，残差估计真误差，即：$\hat{L} = L + V$，$\hat{X} = X^0 + \hat{x}$（X^0 仍然为非随机量，$\hat{L}$、V 和 $\hat{x}$ 是随机量）。

则函数模型是：

$$V = B\hat{x} - l, l = L - (BX^0 + d) \tag{5-3}$$

公式（5-3）称为误差方程。由于误差方程的个数是 n，待求量 $\hat{x}$ 和残差 V 的个数分别是 t 和 n，因此有 $t + n$ 个参数需要求解，而 $n < n + t$，故由误差方程不能完全求解所需参数，但是可以按照 $V^T PV = \min$ 下求得其唯一解。

误差方程：

$$V = B\hat{x} - l \tag{5-4}$$

按照求函数自由极值的方法，得：

$$\frac{\mathrm{d}V^T PV}{\mathrm{d}\hat{x}} = 2V^T P \frac{\mathrm{d}V}{\mathrm{d}\hat{x}} = 2V^T PB = 0$$

转置后得：

$$B^T PV = 0$$

把误差方程代入上式，则得法方程为：

$$B^T PB\hat{x} - B^T Pl = 0 \tag{5-5}$$

令：

$$\underset{t \times t}{N_{bb}} = B^T PB, \underset{t \times 1}{W} = B^T Pl$$

法方程可以写为：

$$N_{bb}\hat{x} - W = 0 \qquad\qquad (5-6)$$

那么 $\hat{x}$ 有唯一解是：

$$\hat{x} = N_{bb}^{-1}W \qquad\qquad (5-7)$$

得到 $\hat{x}$ 后，代入误差方程可得残差向量 V，进而可得观测值的平差值 $\hat{L} = L + V$。

利用间接平差法进行平差计算，第一步是确定必要观测数 t，选取 t 个独立的参数，并根据具体的平差问题列立误差方程。

选取参数的原则：

①所选取的 t 个待估参数必须相互独立；

②所选取的 t 个待估参数与观测值的函数关系容易写出来。

任务5.2　水准网间接平差

间接平差是通过选定 t 个未知参数，将观测值的平差值表示为 t 个未知参数的函数，并通过求自由极值的方法引入最小二乘条件，通过法方程首先解出参数的最或是值，从而求得各观测量的平差值。

5.2.1　参数的选定

在高程网平差时，总是选待定点高程作为未知参数。参数的个数等于必要观测个数。

5.2.2　误差方程

误差方程的个数等于观测值的个数。

例5-1　在如图5-1所示的水准网中，A、B 为已知点，P_1、P_2 为待定点。已知高程 $H_A = 110.00\text{m}$，$H_B = 130.00\text{m}$，各线路（编号见图）观测高差为：

$$h_1 = 30.005\text{m}, h_2 = -10.001\text{m}, h_3 = 40.002\text{m},$$
$$h_4 = -20.005\text{m}, h_5 = 10.006\text{m}, h_6 = 10.000\text{m}$$

列间接平差方程。

解： 可设 P_1、P_2 点高程平差值分别为参数 $\hat{X}_1$、$\hat{X}_2$，取近似值：

$$X_1^0 = 140.000\text{m}, X_2^0 = 150.000\text{m}$$

列平差值方程：

$$h_1 = \hat{X}_1 - H_A$$
$$h_2 = -\hat{X}_1 + H_B$$
$$h_3 = \hat{X}_2 - H_A$$
$$h_4 = -\hat{X}_2 + H_B$$
$$h_5 = -\hat{X}_1 + \hat{X}_2$$
$$h_6 = -\hat{X}_1 + \hat{X}_2$$

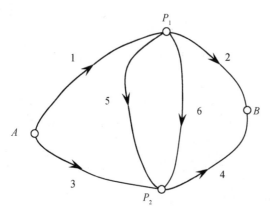

图5-1　水准网

误差方程常数项计算：

$$l_1 = h_1 - X_1^0 + H_A = 5\,\text{mm}$$

$$l_2 = h_2 + X_1^0 - H_B = -1\,\text{mm}$$

$$l_3 = h_3 - X_2^0 + H_A = 2\,\text{mm}$$

$$l_4 = h_4 - X_2^0 + H_A = -5\,\text{mm}$$

$$l_5 = h_5 + X_1^0 - X_2^0 = 6\,\text{mm}$$

$$l_6 = h_6 + X_1^0 - X_2^0 = 0\,\text{mm}$$

误差方程：

$$v_1 = \hat{x}_1 - 5$$

$$v_2 = -\hat{x}_1 + 1$$

$$v_3 = \hat{x}_2 - 2$$

$$v_4 = -\hat{x}_1 + 5$$

$$v_5 = -\hat{x}_1 + \hat{x}_2 - 6$$

$$v_6 = -\hat{x}_1 + \hat{x}_2$$

5.2.3 误差方程的列立规律

如图 5-2 所示，对于任何一个高差 h_i，如果将其箭头所指水准点名记为"头"，将箭尾对应的水准点名记为"尾"，可以总结其误差方程存在以下规律：

①各误差方程的形式为：

$$v_i = \hat{x}_{i\text{头}} - \hat{x}_{i\text{尾}} - l_i \qquad (5-8)$$

如果其中有一个水准点为已知点，则其对应的 x 为 0。

②各误差方程的常数项为：

$$l_i = h_i - X_\text{头}^0 - X_\text{尾}^0 = h_i - h^0 \qquad (5-9)$$

即算得的高差近似值减去观测值。如果其中有一个水准点为已知点，则其对应的 X^0 为其已知高程。

③对于计算近似高程时所用的高差，其高差近似值 h^0 与观测值必然相等，这时必有 $l = 0$；而对于其他高差，则必须按公式（5-9）计算其 l_i。

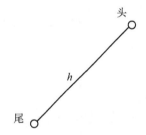

**图 5-2 误差方程
列立规律**

只要掌握了以上规律，就可以根据图形，利用公式（5-8）和公式（5-9），辅之以计算器计算常数项，直接写出水准网的误差方程式。

5.2.4 水准网间接平差的实例

例 5-2 在如图 5-3 所示的水准网中，P_1、P_2、P_3 都为未知水准点，在其间进行水准测量，高差及水准路线长度如下：

$$h_1 = 1.335\,\text{m}, h_2 = 1.055\,\text{m}, h_3 = -2.396\,\text{m}$$

$$s_1 = 2\,\text{km}, s_2 = 2\,\text{km}, s_3 = 3\,\text{km}$$

试用间接平差法求各高差的平差值，并求 P_2 点的高程精度。

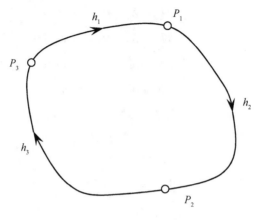

图 5–3　水准网

解： $n=3$，$t=2$，应选 2 个独立参数，列出 3 个方程。

设 P_1 点高程为 $H_{P_1}=10\text{m}$。

①选参数，参数设为 P_2 和 P_3 点高程，计算参数近似值：

$$\hat{X}=\begin{bmatrix}\hat{X}_1 & \hat{X}_2\end{bmatrix}^T=\begin{bmatrix}\hat{H}_{P_2} & \hat{H}_{P_3}\end{bmatrix}$$

$$X^0=\begin{bmatrix}X_1^0\\X_2^0\end{bmatrix}=\begin{bmatrix}H_{P_1}+h_2\\H_{P_1}-h_1\end{bmatrix}=\begin{bmatrix}11.055\\8.665\end{bmatrix}\text{m}$$

列平差值方程：

$$\hat{h}_1=-\hat{X}_2+H_{P_1}$$

$$\hat{h}_2=\hat{X}_1-H_{P_1}$$

$$\hat{h}_3=-\hat{X}_1+\hat{X}_2$$

计算误差方程闭合差：

$$l_1=h_1-(-X_2^0+H_{P_1})=0$$

$$l_2=h_2-(X_1^0-H_{P_1})=0$$

$$l_3=h_3-(-X_1^0+X_2^0)=-6$$

②列误差方程，确定观测值的权：

$$
\begin{aligned}
v_1&=-x_2\\
v_2&=x_1\\
v_3&=-x_1+x_2-(-6)
\end{aligned}
\qquad 或 \qquad
\begin{bmatrix}v_1\\v_2\\v_3\end{bmatrix}=\begin{bmatrix}0 & -1\\1 & 0\\-1 & 1\end{bmatrix}\begin{bmatrix}x_1\\x_2\end{bmatrix}-\begin{bmatrix}0\\0\\-6\end{bmatrix}
$$

令 $c=6$，则由定权公式 $p_i=\dfrac{c}{S_i}=\dfrac{6}{S_i}$，得：

$$p=\begin{bmatrix}p_1 & & \\ & p_2 & \\ & & p_3\end{bmatrix}=\begin{bmatrix}3 & & \\ & 3 & \\ & & 2\end{bmatrix}$$

③组成法方程，求参数改正数：

$$N_{bb} = B^T PB = \begin{bmatrix} 0 & 1 & -1 \\ -1 & 0 & 1 \end{bmatrix} \begin{bmatrix} 3 & 0 & 0 \\ 0 & 3 & 0 \\ 0 & 0 & 2 \end{bmatrix} \begin{bmatrix} 0 & -1 \\ 1 & 0 \\ -1 & 1 \end{bmatrix} = \begin{bmatrix} 5 & -2 \\ -2 & 5 \end{bmatrix}$$

$$W = B^T Pl = \begin{bmatrix} 0 & 1 & -1 \\ -1 & 0 & 1 \end{bmatrix} \begin{bmatrix} 3 & 0 & 0 \\ 0 & 3 & 0 \\ 0 & 0 & 2 \end{bmatrix} \begin{bmatrix} 0 \\ 0 \\ -6 \end{bmatrix} = \begin{bmatrix} 12 \\ -12 \end{bmatrix}$$

④法方程为：

$$\begin{bmatrix} 5 & -2 \\ -2 & 5 \end{bmatrix} \begin{bmatrix} x_1 \\ x_2 \end{bmatrix} - \begin{bmatrix} 12 \\ -12 \end{bmatrix} = \begin{bmatrix} 0 \\ 0 \end{bmatrix}$$

从法方程解出：

$$\begin{bmatrix} x_1 \\ x_2 \end{bmatrix} = \begin{bmatrix} 5 & -2 \\ -2 & 5 \end{bmatrix}^{-1} \begin{bmatrix} 12 \\ -12 \end{bmatrix} = \begin{bmatrix} 1.714 \\ -1.714 \end{bmatrix} mm$$

⑤求观测值改正数、观测值平差值和高程平差值

$$\begin{bmatrix} v_1 \\ v_2 \\ v_3 \end{bmatrix} = \begin{bmatrix} 0 & -1 \\ 1 & 0 \\ -1 & 1 \end{bmatrix} \begin{bmatrix} x_1 \\ x_2 \end{bmatrix} - \begin{bmatrix} 0 \\ 0 \\ -6 \end{bmatrix} = \begin{bmatrix} 1.714 \\ 1.714 \\ 2.572 \end{bmatrix}$$

$$\begin{bmatrix} \hat{h}_1 \\ \hat{h}_2 \\ \hat{h}_3 \end{bmatrix} = \begin{bmatrix} h_1 + v_1 \\ h_2 + v_2 \\ h_3 + v_3 \end{bmatrix} = \begin{bmatrix} 1.3367 \\ 1.0567 \\ -2.3934 \end{bmatrix} m$$

$$\hat{H} = \begin{bmatrix} \hat{H}_{P_2} \\ \hat{H}_{P_3} \end{bmatrix} = \begin{bmatrix} \hat{X}_1 \\ \hat{X}_2 \end{bmatrix} = \begin{bmatrix} X_1^0 + x_1 \\ X_2^0 + x_2 \end{bmatrix} = \begin{bmatrix} 11.0567 \\ 8.6633 \end{bmatrix} m$$

⑥精度评定计算：

$$\sigma_0 = \sqrt{\frac{V^T PV}{n - t}} = \sqrt{\frac{30.8571}{3 - 2}} = 5.5 mm$$

任务5.3　三角形网间接平差

间接平差将所有观测值都表示为未知参数函数的前提是：未知数足数并且函数独立。由于对于一个平差问题，能并且只能设置 t 个函数独立的未知参数，所以确定未知数个数实际上就是确定必要观测数。

三角形网和导线网一般选待定点坐标平差值为参数，把观测值表示成所选参数的函数，所以也叫作坐标平差。

选定未知参数后，根据未知参数与观测值平差值间应满足的几何或物理关系，即可列出平差值方程和误差方程。

一般工程测量平面控制网的观测对象主要是方向（或角度）和相邻点间的距离（即边长），因此坐标平差时主要列立各观测方向及观测边长的误差方程式，再按照间接平差法的原理和步骤，由误差方程和观测值的权，组成未知数法方程去解算待定点坐标平差值，并进行精度评定。

以下就几种典型观测值分别讨论相应误差方程的列立问题。

由于误差方程式的组成简单且有规律，便于由程序实现全部计算，因此，在近代测量平差实践中，控制网按间接平差法得到了广泛的应用。平面控制网按坐标平差时，网中每一个观测值都应列立一个误差方程式。

平面控制网平差值方程一般是非线性的，要应用最小二乘准则组法方程，则必须将其线性化，即用台劳级数展开，取一次项。因此，计算待定参数的近似值，对非线性平差值方程而言不仅是简便计算，而且是线性化所必需的。

5.3.1 非线性误差方程的线性化

设有非线性平差值方程：

$$L_i + V_i = f_i(X_1, X_2, \cdots, X_t)$$

引入 $\hat{X}_j = X_j^0 + x_j$，则非线性误差方程为：

$$V_i = f_i(X_1, X_2, \cdots, X_t) - L_i$$

线性化后为：

$$v_i = f(X_1^0, X_2^0, \cdots X_t^0) + \left(\frac{\partial f}{\partial X_1}\right)_0 x_1 + \left(\frac{\partial f}{\partial X_2}\right)_0 x_2 + \cdots + \left(\frac{\partial f}{\partial X_t}\right)_0 x_t - L_i$$

当近似值 X_i^0 给定后，各未知数近似值改正数 x_i 前系数，可将近似值 X_i^0 代入 $\left(\frac{\partial f}{\partial X_i}\right)_0$ 求得。若令：

$$a_i = \left(\frac{\partial f}{\partial X_1}\right)_0, b_i = \left(\frac{\partial f}{\partial X_2}\right)_0, \cdots, t_i = \left(\frac{\partial f}{\partial X_t}\right)_0$$

$$l_i = L_i - f(X_1^0, X_2^0, \cdots, X_t^0)$$

则非线性误差方程取得与线性误差方程同样的形式：

$$v_i = a_i x_1 + b_i x_2 + \cdots + t_i x_t - l_i$$

由于线性化时，假定 x_j 的二次及二次以上项是小量而忽略不计，因此确定未知数近似值 X_j^0 的基本要求是 x_i 足够小，X_j^0 即足够接近 $\hat{X}_j$。当不能满足这一条件时，会引起计算误差，必要时可能需要迭代进行（将第一次平差后的平差值作为近似值，列误差方程，再次平差）；若满足这一要求，则虽然未知数近似值因为推算路线不同而略有差异，但平差结果相同。

5.3.2 测角网误差方程

为便于计算，通常总是将观测值改正数表示为对应待定点坐标近似值改正数的线性式。坐标平差的第一步是列立误差方程式。

（1）方向平差值

如图 5-4 所示，j、k 是两待定点，近似坐标分别为 X_j^0、Y_j^0、X_k^0、Y_k^0。根据近似坐标求得近似边长为 S_{jk}^0，近似方位角为 α_{jk}^0。设近似坐标改正数为 x_j、y_j、x_k、y_k，近似方位角改正数为 $v_{\alpha_{jk}}$。由近似坐标改正数引起的近似坐标方位角的改正数为 $v_{\alpha_{jk}}$，即：

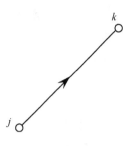

$$\hat{\alpha}_{jk} = \alpha_{jk}^0 + v_{\alpha_{jk}} \qquad (5-10)$$

现求坐标改正数 x_j、y_j、x_k、y_k 与坐标方位角改正数 $v_{\alpha_{jk}}$ 之间的线性关系。

图 5-4　方向平差

根据图 5-4 可以写出：

$$\hat{\alpha}_{jk} = \arctan \frac{\hat{Y}_k - \hat{Y}_j}{\hat{X}_k - \hat{X}_j} = \arctan \frac{(Y_k^0 + y_k) - (Y_j^0 + y_j)}{(X_k^0 + x_k) - (X_j^0 + x_j)}$$

将上式右端按台劳公式展开，得：

$$\hat{\alpha}_{jk} = \arctan \frac{(Y_k^0 - Y_j^0)}{(X_k^0 - X_j^0)} + \left(\frac{\partial \alpha_{jk}}{\partial X_j}\right)_0 x_j + \left(\frac{\partial \alpha_{jk}}{\partial Y_j}\right)_0 y_j + \left(\frac{\partial \alpha_{jk}}{\partial X_k}\right)_0 x_k + \left(\frac{\partial \alpha_{jk}}{\partial Y_k}\right)_0 y_k$$

公式中右边第一项就是由近似坐标算得的近似坐标方位角 α_{jk}^0，对照公式（5-10）可知：

$$v_{\alpha_{jk}} = \left(\frac{\partial \alpha_{jk}}{\partial X_j}\right)_0 x_j + \left(\frac{\partial \alpha_{jk}}{\partial Y_j}\right)_0 y_j + \left(\frac{\partial \alpha_{jk}}{\partial X_k}\right)_0 x_k + \left(\frac{\partial \alpha_{jk}}{\partial Y_k}\right)_0 y_k \qquad (5-11)$$

式中：

$$\left(\frac{\partial \alpha_{jk}}{\partial X_j}\right)_0 = \frac{\dfrac{Y_k^0 - Y_j^0}{(X_k^0 - X_j^0)^2}}{1 + \left(\dfrac{Y_k^0 - Y_j^0}{X_k^0 - X_j^0}\right)^2} = \frac{Y_k^0 - Y_j^0}{(X_k^0 - X_j^0)^2 + (Y_k^0 - Y_j^0)^2} = \frac{\Delta Y_{jk}^0}{(S_{jk}^0)^2}$$

同理可得：

$$\left(\frac{\partial \alpha_{jk}}{\partial Y_j}\right)_0 = -\frac{\Delta X_{jk}^0}{(S_{jk}^0)^2}$$

$$\left(\frac{\partial \alpha_{jk}}{\partial X_k}\right)_0 = -\frac{\Delta Y_{jk}^0}{(S_{jk}^0)^2}$$

$$\left(\frac{\partial \alpha_{jk}}{\partial Y_k}\right)_0 = \frac{\Delta X_{jk}^0}{(S_{jk}^0)^2}$$

将上列结果代入公式（5-11），并顾及全式的单位得：

$$v_{\alpha_{jk}} = \frac{\rho'' \Delta Y_{jk}^0}{(S_{jk}^0)^2} x_j - \frac{\rho'' \Delta X_{jk}^0}{(S_{jk}^0)^2} y_j - \frac{\rho'' \Delta Y_{jk}^0}{(S_{jk}^0)^2} x_k + \frac{\rho'' \Delta X_{jk}^0}{(S_{jk}^0)^2} y_k \qquad (5-12)$$

或写成：

$$v_{\alpha_{jk}} = \frac{\rho'' \sin\alpha_{jk}^0}{S_{jk}^0} x_j - \frac{\rho'' \cos\alpha_{jk}^0}{S_{jk}^0} y_j - \frac{\rho'' \sin\alpha_{jk}^0}{(S_{jk}^0)^2} x_k + \frac{\rho'' \cos\alpha_{jk}^0}{S_{jk}^0} y_k \qquad (5-13)$$

公式（5-13）就是坐标改正数与坐标方位角改正数间的一般关系式，称为坐标方位角改正数方程。其中 $v_{\alpha_{jk}}$ 以秒为单位。平差计算时，可按不同的情况灵活应用上式。例如：

①若某边的两端均为待定点，则坐标改正数与坐标方位角改正数间的关系式就是公式（5-13）。此时，x_j 与 x_k 前的系数的绝对值相等；y_j 与 y_k 前的系数的绝对值也相等。

②若测站点 j 为已知点，则 $x_j = y_j = 0$，得：

$$v_{\alpha_{jk}} = -\frac{\rho''\Delta Y_{jk}^0}{(S_{jk}^0)^2}x_k + \frac{\rho''\Delta X_{jk}^0}{(S_{jk}^0)^2}y_k \qquad (5-14)$$

若照准点 k 为已知点，则 $x_k = y_k = 0$，得：

$$v_{\alpha_{jk}} = \frac{\rho''\Delta Y_{jk}^0}{(S_{jk}^0)^2}x_j - \frac{\rho''\Delta X_{jk}^0}{(S_{jk}^0)^2}y_j \qquad (5-15)$$

③若某边的两个端点均为已知点，则 $x_j = y_j = x_k = y_k = 0$，得：

$$v_{\alpha_{jk}} = 0$$

④同一边的正、反坐标方位角的改正数相等，它们与坐标改正数的关系式也一样，这是因为：

$$v_{\alpha_{kj}} = +\frac{\rho''\Delta Y_{jk}^0}{(S_{jk}^0)^2}x_k - \frac{\rho''\Delta X_{jk}^0}{(S_{jk}^0)^2}y_k - \frac{\rho''\Delta Y_{jk}^0}{(S_{jk}^0)^2}x_j + \frac{\rho''\Delta X_{jk}^0}{(S_{jk}^0)^2}y_j$$

对照公式（5-13），顾及 $\Delta Y_{jk}^0 = -\Delta Y_{kj}^0$，$\Delta X_{jk}^0 = -\Delta X_{kj}^0$，得 $v_{\alpha_{jk}} = v_{\alpha_{kj}}$。据此，实际计算时，只要对每条待定边计算一个坐标方位角改正数方程即可。

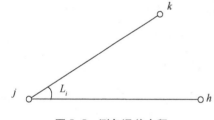

图5-5 测角误差方程

（2）角度平差值

如图 5-5 所示，对于角度观测值 L_i 来说，其观测方程为：

$$L_i + v_i = \hat{\alpha}_{jh} - \hat{\alpha}_{jk} \qquad (5-16)$$

将 $\hat{\alpha} = \alpha^0 + v_\alpha$ 代入，并令：

$$l_i = L_i - (\alpha_{jh}^0 - \alpha_{jk}^0) = L_i - L_i^0 \qquad (5-17)$$

可得：

$$v_i = v_{\alpha_{jh}} - v_{\alpha_{jk}} - l_i \qquad (5-18)$$

然后根据这个角的 3 个端点 j、h、k 是已知点还是未知点而灵活运用公式（5-12），并以此代入公式（5-18），即得线性化后的误差方程。例如，j、h、k 点都是未知点时，公式（5-18）为：

$$v_i = \frac{\rho''\Delta Y_{jh}^0}{(S_{jh}^0)^2}x_j - \frac{\rho''\Delta X_{jh}^0}{(S_{jh}^0)^2}y_j - \frac{\rho''\Delta Y_{jh}^0}{(S_{jh}^0)^2}x_h + \frac{\rho''\Delta X_{jh}^0}{(S_{jh}^0)^2}y_h -$$

$$\left(\frac{\rho''\Delta Y_{jk}^0}{(S_{jk}^0)^2}x_j - \frac{\rho''\Delta X_{jk}^0}{(S_{jk}^0)^2}y_j - \frac{\rho''\Delta Y_{jk}^0}{(S_{jk}^0)^2}x_k + \frac{\rho''\Delta X_{jk}^0}{(S_{jk}^0)^2}y_k\right) - l_i$$

合并同类项最后可得：

$$v_i = \rho''\left(\frac{\Delta Y_{jh}^0}{(S_{jh}^0)^2} - \frac{\Delta Y_{jk}^0}{(S_{jk}^0)^2}\right)x_j - \rho''\left(\frac{\Delta X_{jh}^0}{(S_{jh}^0)^2} - \frac{\Delta X_{jk}^0}{(S_{jk}^0)^2}\right)y_j -$$

$$\frac{\rho''\Delta Y_{jh}^0}{(S_{jh}^0)^2}x_h + \frac{\rho''\Delta X_{jh}^0}{(S_{jh}^0)^2}y_h + \frac{\rho''\Delta Y_{jk}^0}{(S_{jk}^0)^2}x_k - \frac{\rho''\Delta X_{jk}^0}{(S_{jk}^0)^2}y_k - l_i \qquad (5-19)$$

公式（5-19）即为线性化后的观测角度的误差方程式，可以当作公式使用。

综上所述，对于角度观测的三角网，采用间接平差，选择待定点的坐标为参数时，列立误差方程的步骤为：

①计算各待定点的近似坐标 X^0、Y^0；

②由待定点的近似坐标和已知点的坐标计算各待定边的近似坐标方位角 α^0 和近似边长 S^0；

③列出各待定边的坐标方位角改正数方程，并计算其系数；

④按照公式（5-19）和公式（5-17）列出误差方程。

5.3.3　测边网误差方程

下面讨论在测边网平差中，选择待定点的坐标为参数时的误差方程的线性化问题。

先讨论一般情况，如图 5-6 所示。测得待定点间的边长 S_i，选择待定点的坐标平差值 $\hat{X}_j$、$\hat{Y}_j$、$\hat{X}_k$ 和 $\hat{Y}_k$ 为参数，令：

$$\hat{X}_j = X_j^0 + x_j, \hat{Y}_j = Y_j^0 + y_j$$

$$\hat{X}_k = X_k^0 + x_k, \hat{Y}_k = Y_k^0 + y_k$$

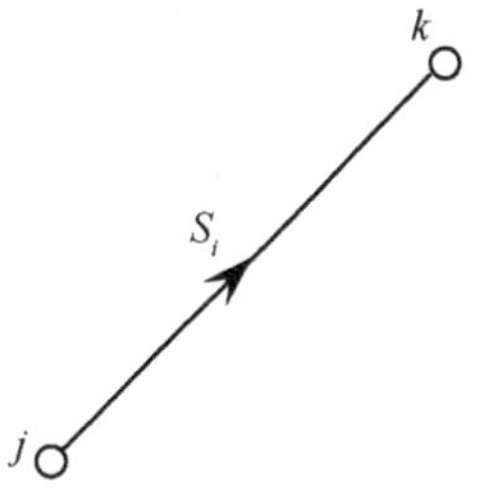

由图 5-6 可写出 S_i 的平差值方程为：

$$\hat{S}_i = S_i + v_{S_i} = \sqrt{(\hat{X}_k - \hat{X}_j)^2 + (\hat{Y}_k - \hat{Y}_j)^2} \tag{5-20}$$

图 5-6　测边误差方程

按台劳公式展开，得：

$$S_i + v_{S_i} = S_{jk}^0 + \frac{\Delta X_{jk}^0}{S_{jk}^0}(x_k - x_j) + \frac{\Delta Y_{jk}^0}{S_{jk}^0}(y_k - y_j) \tag{5-21}$$

式中：

$$\Delta X_{jk}^0 = X_k^0 - X_j^0, \Delta Y_{jk}^0 = Y_k^0 - Y_j^0, S_{jk}^0 = \sqrt{(X_k^0 - X_j^0)^2 + (Y_k^0 - \hat{Y}_j^0)^2}$$

令：

$$l_i = S_i - S_{jk}^0 \tag{5-22}$$

则由公式（5-21）可得测边的误差方程为：

$$v_{S_i} = -\frac{\Delta X_{jk}^0}{S_{jk}^0}x_j - \frac{\Delta Y_{jk}^0}{S_{jk}^0}y_j + \frac{\Delta X_{jk}^0}{S_{jk}^0}x_k + \frac{\Delta Y_{jk}^0}{S_{jk}^0}y_k - l_i \tag{5-23}$$

式中：右边前 4 项之和是由坐标改正数引起的边长改正数。

公式（5-23）就是测边坐标平差误差方程式的一般形式，它是在假设两端点都是待定点的情况下导出的。具体计算时，可按以下不同情况灵活运用。

①若某边的两端点均为待定点，则公式（5-23）就是该观测边的误差方程。式中，x_j 与 x_k 系数的绝对值相等，y_j 与 y_k 系数的绝对值也相等。常数项等于该边的观测值减其近似值。

②若 j 为已知点，则 $x_j = y_j = 0$，得：

$$v_i = \frac{\Delta X_{jk}^0}{S_{jk}^0}x_k + \frac{\Delta Y_{jk}^0}{S_{jk}^0}y_k - l_i \tag{5-24}$$

若 k 为已知点，则 $x_k = y_k = 0$，得：

$$v_i = -\frac{\Delta X_{jk}^0}{S_{jk}^0}x_j - \frac{\Delta Y_{jk}^0}{S_{jk}^0}y_j - l_i \tag{5-25}$$

若 j、k 均为已知点，则该边为固定边（不观测），故对该边不需要列误差方程。

③某边的误差方程，按 jk 向或 kj 向列立的结果相同。

5.3.4 参数近似值计算

测量中，经常会出现误差方程中常数项有效数字位数较多的情况，因此，法方程常数项的数字位数也较多，使后续计算难度增加。此时，可引入参数的近似值加以简化。应注意的是，参数近似值一旦选定，不能再变动。否则，将得不到正确的估计结果。其次，由于引用了参数近似值，误差方程中常数项 l_i 有效数字变少。为了计算方便，计算单位应进行相应调整，选用测量值最小单位作为计算单位。

下面介绍几种参数近似值的计算方法。

（1）余切公式

如图 5-7 所示，已知 A、B 两点坐标，然后在这两点设站，观测出 α、β，通过三角形的余切公式求出 P 点坐标。

余切公式如下：

$$\left.\begin{array}{l} X_P = \dfrac{X_A \cot\beta + X_B \cot\alpha + (Y_B - Y_A)}{\cot\alpha + \cot\beta} \\[3mm] Y_P = \dfrac{Y_A \cot\beta + Y_B \cot\alpha + (X_A - X_B)}{\cot\alpha + \cot\beta} \end{array}\right\} \quad (5\text{-}26)$$

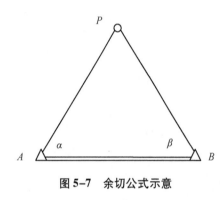

图 5-7　余切公式示意

（2）测边网近似坐标计算

如图 5-8 所示，测边三角形中，设 h 为三角形 ABD 上的高，l 为 L_1 在 AB 边上的投影，$\overline{AB}$ 表示 AB 的长度。

于是：

$$l = \frac{L_1^2 + \overline{AB}^2 - L_2^2}{2\,\overline{AB}}$$

由于 $h = \sqrt{L_1^2 - l^2}$，则：

$$\cos\alpha_{AB} = \frac{X_B - X_A}{\overline{AB}}$$

$$\sin\alpha_{AB} = \frac{Y_B - Y_A}{\overline{AB}}$$

待定点的坐标的近似坐标为：

$$\left.\begin{array}{l} X_D^0 = X_A + l\cos\alpha_{AB} + h\sin\alpha_{AB} \\ Y_D^0 = Y_A + l\sin\alpha_{AB} - h\cos\alpha_{AB} \end{array}\right\} \quad (5\text{-}27)$$

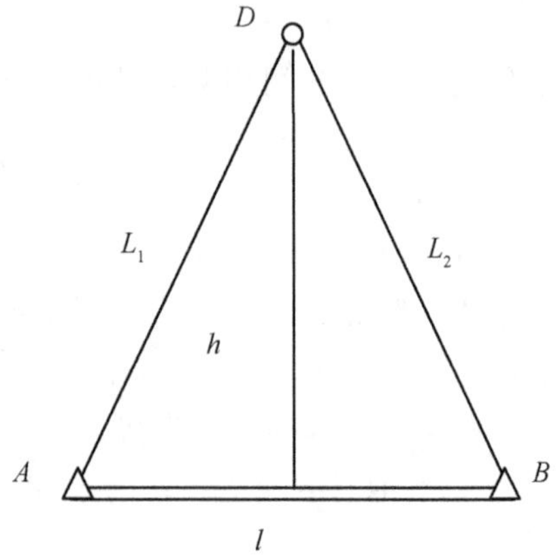

图 5-8　测边网近似坐标计算示意

例 5-3 边角网如图 5-9 所示，已知点坐标为 $A(0,0)$ 和 $B(0,1000\text{m})$，角度观测值为 $L_1 = 45°$，$L_2 = 45°$，$L_3 = 90°00'15''$，边长观测值 $S = 707.095\text{m}$，已求得近似坐标 $X_P^0 = 500.00\text{m}$、$Y_P^0 = 500.00\text{m}$，近似坐标方位角、近似边长如表 5-1 所示。试以待定点 P 的坐标为未知参数，列出误差方程（参数系数的单位为秒/cm）。

表 5-1　近似坐标方位角和近似边长

方向	$\alpha(°\quad'\quad'')$	$S(\mathrm{m})$
PA	22　50　00	707.107
PB	13　50　00	707.107

解：误差方程常数项计算：

$$l_1 = L_1 - (\alpha_{AB} - \alpha_{AP}^0) = 0$$

$$l_2 = L_2 - (\alpha_{BP}^0 - \alpha_{BA}) = 0$$

$$l_3 = L_3 - (\alpha_{PA} - \alpha_{PB}) = 15''$$

$$l_S = S - S_{PB}^0 = -1.2\,\mathrm{cm}$$

误差方程为：

$$v_1 = 2.06x_P - 2.06y_P$$

$$v_2 = 2.06x_P + 2.06y_P$$

$$v_3 = -4.12x_P - 15''$$

$$v_s = 0.707x_P - 0.707y_P + 1.2\,\mathrm{cm}$$

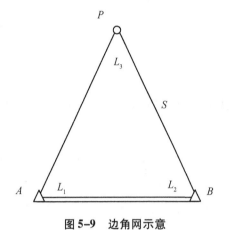

图 5-9　边角网示意

任务 5.4　精度评定

5.4.1　$V^T PV$ 的计算

$$V = B\hat{x} - l, \quad N_{bb}\hat{x} - W = 0$$

$$
\begin{aligned}
V^T PV &= (B\hat{x} - l)^T P(B\hat{x} - l) \\
&= \hat{x}^T B^T PB\hat{x} - \hat{x}^T B^T Pl - l^T PB\hat{x} + l^T Pl \\
&= (N_{bb}^{-1}W)^T N_{bb}(N_{bb}^{-1}W) - (N_{bb}^{-1}W)^T W - W^T(N_{bb}^{-1}W) + l^T Pl \\
&= l^T Pl - W^T N_{bb}^{-1}W \\
&= l^T Pl - (N_{bb}\hat{x})^T \hat{x} \\
&= l^T Pl - \hat{x}^T N_{bb}\hat{x}
\end{aligned}
$$

5.4.2　单位权方差

$$\Delta = B\tilde{x} - l, \quad V = B\hat{x} - l$$

则有：

$$V = B(\hat{x} - \tilde{x}) + \Delta$$

因为 $\hat{X} - \tilde{X} = -\Delta_{\hat{X}}$（$\hat{X}$ 的真误差），而 $\Delta_{\hat{x}} = N_{bb}^{-1}B^T P\Delta$，故有：

$$V = -BN_{bb}^{-1}B^T P\Delta + \Delta = (I - BN_{bb}^{-1}B^T P)\Delta$$

顾及 $V^T PV = E(V^T PV) = E\mathrm{tr}(V^T PV)$，则：

$$E(V^TPV) = E\{tr[\Delta^TP\Delta - \Delta^TPBN_{bb}^{-1}B^TP\Delta]\}$$

$$= E\{tr[\Delta^T(\underset{n\times n}{I} - PBN_{bb}^{-1}B^T)P\Delta]\}$$

$$= tr[PE(\Delta\Delta^T)(\underset{n\times n}{I} - PBN_{bb}^{-1}B^T)]$$

$$= \sigma_0^2 tr(\underset{n\times n}{I} - PBN_{bb}^{-1}B^T)$$

$$= \sigma_0^2[tr(\underset{n\times n}{I}) - tr(PBN_{bb}^{-1}B^T)]$$

$$= \sigma_0^2[n - tr(B^TPBN_{bb}^{-1})]$$

$$= \sigma_0^2[n - t]$$

式中：顾及 $E(\Delta\Delta^T) = \sigma^2 = \sigma_0^2 P^{-1}$，所以单位权方差是：

$$\sigma_0^2 = \frac{E(V^TPV)}{n-t}$$

其估值公式为：

$$\hat{\sigma}_0^2 = \frac{V^TPV}{n-t}, \hat{\sigma}_0 = \sqrt{\frac{V^TPV}{n-t}}$$

5.4.3　协因数阵

在间接平差中，基本向量是 $L(l)$、$\hat{x}$、V 和 $\hat{L}(\hat{l})$。

$$L = L$$

$$\hat{x} = N_{bb}^{-1}B^TPL + \cdots$$

$$V = B\hat{x} - l = (BN_{bb}^{-1}B^TP - I)L + \cdots$$

$$\hat{L} = L + V = BN_{bb}^{-1}B^TPL + \cdots$$

按照协因数传播律有：

$$Q_{LL} = Q_{ll} = Q$$

$$Q_{L\hat{x}} = QPBN_{bb}^{-1} = BN_{bb}^{-1}$$

$$Q_{LV} = Q(PBN_{bb}^{-1}B^T - I) = BN_{bb}^{-1}B^T - Q$$

$$Q_{L\hat{L}} = QPBN_{bb}^{-1}B^T = BN_{bb}^{-1}B^T$$

$$Q_{\hat{x}\hat{x}} = N_{bb}^{-1}B^TPQPBN_{bb}^{-1} = N_{bb}^{-1}$$

$$Q_{\hat{x}V} = N_{bb}^{-1}B^TPQ(PBN_{bb}^{-1}B^T - I) = 0$$

$$Q_{\hat{x}\hat{L}} = N_{bb}^{-1}B^TPQ(PBN_{bb}^{-1}B^T) = N_{bb}^{-1}B^T$$

$$Q_{VV} = (BN_{bb}^{-1}B^TP - I)Q(PBN_{bb}^{-1}B^T - I) = Q - BN_{bb}^{-1}B^T$$

$$Q_{V\hat{L}} = (BN_{bb}^{-1}B^TP - I)Q(PBN_{bb}^{-1}B^T) = 0$$

$$Q_{\hat{L}\hat{L}} = (BN_{bb}^{-1}B^TP)Q(PBN_{bb}^{-1}B^T) = BN_{bb}^{-1}B^T = Q - Q_{VV}$$

5.4.4　参数函数的中误差

$$z = f(\hat{X}_1, \hat{X}_2, \cdots, \hat{X}_t), \hat{X}_i = X_i^0 + \hat{x}_i, (i = 1, 2, \cdots, t)$$

进行泰勒展开有：

$$z = f(X_1^0, X_2^0, \cdots, X_t^0) + \sum_{i=1}^{t} \left(\frac{\partial f}{\partial \hat{X}_i}\right)_0 \hat{x}_i = f_0 + \sum_{i=1}^{t} f_i \hat{x}_i = f_0 + F^T \hat{x} \tag{5-28}$$

式中：$F^T = (f_1 \quad f_2 \quad \cdots \quad f_t)$，那么：

$$\frac{1}{p_z} = F^T Q_{\hat{x}\hat{x}} F \tag{5-29}$$

例 5-4　在如图 5-10 所示的水准网中，A、B、C 和 D 为已知点，E、F 和 G 是未知点，观测结果如表 5-2 所示。求未知点 E、F 和 G 高程的最或然值，并计算其精度，以及高差 h_{EF} 的中误差。

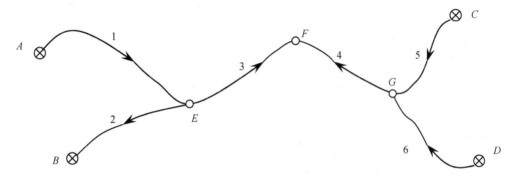

图 5-10　水准网图

表 5-2　观测结果

	编号	水准路线长度（km）	观测高差（m）
$H_A = 34.318\text{m}$	1	4	8.228
	2	4	2.060
$H_B = 44.612\text{m}$			
$H_C = 24.170\text{m}$	3	2	1.515
	4	4	7.477
$H_B = 23.578\text{m}$			
	5	2	12.417
	6	2	13.000

解：由题意可知 $n = 6$，$t = 3$，令 $\hat{X}_1 = H_E$，$\hat{X}_2 = H_F$，$\hat{X}_3 = H_G$，所以：

$$L_1 + V_1 = \hat{X}_1 - H_A$$
$$L_2 + V_2 = -\hat{X}_1 + H_B$$
$$L_3 + V_3 = -\hat{X}_1 + \hat{X}_2$$
$$L_4 + V_4 = \hat{X}_2 - \hat{X}_3$$
$$L_5 + V_5 = \hat{X}_3 - H_C$$
$$L_6 + V_3 = \hat{X}_3 - H_D$$

再令：

$$\hat{X}_1 = \hat{X}_1^0 + \hat{x}_1 = H_A + L_1 + \hat{x}_1 = \hat{x}_1 + 42.546$$

$$\hat{X}_2 = \hat{X}_2^0 + \hat{x}_2 = H_A + L_1 + L_3 + \hat{x}_2 = \hat{x}_2 + 44.061$$

$$\hat{X}_3 = \hat{X}_3^0 + \hat{x}_3 = H_C + L_5 + \hat{x}_3 = \hat{x}_3 + 36.587$$

这样可得：

$$\begin{bmatrix} V_1 \\ V_2 \\ V_3 \\ V_4 \\ V_5 \\ V_6 \end{bmatrix} = \begin{bmatrix} 1 & 0 & 0 \\ -1 & 0 & 0 \\ -1 & 1 & 0 \\ 0 & 1 & -1 \\ 0 & 0 & 1 \\ 0 & 0 & 1 \end{bmatrix} \begin{bmatrix} \hat{x}_1 \\ \hat{x}_2 \\ \hat{x}_3 \end{bmatrix} - \begin{bmatrix} 0 \\ -6 \\ 0 \\ 3 \\ 0 \\ -9 \end{bmatrix} mm$$

水准测量的权定义为：

$$p_i = \frac{S_0}{S_i} = \frac{4km}{S_i}$$

则：

$$p = \begin{bmatrix} 1 & & & & & \\ & 1 & & & & \\ & & 2 & & & \\ & & & 1 & & \\ & & & & 2 & \\ & & & & & 2 \end{bmatrix}$$

法方程是：

$$N_{bb} = B^T P B = \begin{bmatrix} 4 & -2 & 0 \\ -2 & 3 & -1 \\ 0 & -1 & 5 \end{bmatrix}, W = B^T Pl = \begin{bmatrix} 6 \\ 3 \\ -21 \end{bmatrix} mm$$

其中可得出：

$$N_{bb}^{-1} = \frac{1}{36} \begin{bmatrix} 14 & 10 & 2 \\ 10 & 20 & 4 \\ 2 & 4 & 8 \end{bmatrix}$$

解法方程可得：

$$\hat{x} = N_{bb}^{-1} W = \begin{bmatrix} 2 \\ 1 \\ -4 \end{bmatrix} mm$$

这样，E、F 和 G 高程的最或然值是：

$$\hat{X} = X^0 + \hat{x} = \begin{bmatrix} 42.548 \\ 44.062 \\ 36.583 \end{bmatrix} m$$

$$V = B\hat{x} - l = \begin{bmatrix} 2 \\ 4 \\ -1 \\ 2 \\ -4 \\ 5 \end{bmatrix}, V^T P V = \sum p_i V_i^2 = 108, \hat{\sigma}_0 = \sqrt{\frac{V^T P V}{n-t}} = 6.0\text{mm}$$

则：

$$\hat{\sigma}_{H_E} = \hat{\sigma}_{X_1} = \hat{\sigma}_0 \sqrt{\frac{1}{p_{X_1}}} = 6.0 \times \sqrt{\frac{14}{36}} = 3.7\text{mm}$$

$$\hat{\sigma}_{H_F} = \hat{\sigma}_{X_2} = \hat{\sigma}_0 \sqrt{\frac{1}{p_{X_2}}} = 6.0 \times \sqrt{\frac{20}{36}} = 4.5\text{mm}$$

$$\hat{\sigma}_{H_G} = \hat{\sigma}_{X_3} = \hat{\sigma}_0 \sqrt{\frac{1}{p_{X_3}}} = \pm 6.0 \times \sqrt{\frac{8}{36}} = 2.8\text{mm}$$

因为有 $h_{EF} = -\hat{X}_1 + \hat{X}_2 = \begin{bmatrix} -1 & 1 & 0 \end{bmatrix}\hat{X} = F^T \hat{X}$，则：

$$\frac{1}{p_{h_{EF}}} = F^T Q_{\hat{X}\hat{X}} F = \begin{bmatrix} -1 & 1 & 0 \end{bmatrix}\frac{1}{36}\begin{bmatrix} 14 & 10 & 2 \\ 10 & 20 & 4 \\ 2 & 4 & 8 \end{bmatrix}\begin{bmatrix} -1 \\ 1 \\ 0 \end{bmatrix} = \frac{7}{18}$$

$$\hat{\sigma}_{h_{EF}} = \hat{\sigma}_0 \sqrt{\frac{1}{p_{h_{EF}}}} = 6.0 \times \sqrt{\frac{7}{18}} = 3.7\text{mm}$$

归纳以上内容可得出水准网间接平差的计算步骤如下。

①选定未知参数。根据平差问题的性质，确定必要观测个数 t，选定 t 个独立量作为参数，一般选取待定点高程作为未知参数。

②列出误差方程。将每一段高差的平差值分别表示成所选未知参数的函数，即平差值方程，并列出误差方程。

③组成法方程。由误差方程的系数 B 与自由项 l 组成法方程式，法方程式的个数等于未知数的个数 t。

④解算法方程。解算法方程，求解未知参数 $\hat{X}$，计算未知参数的平差值。

⑤计算改正数 v。将未知参数 $\hat{X}$ 代入误差方程，求解改正数，并求出观测值的平差值，即待定点平差的高程。

习　题

1. 水准网间接平差时，对选择的参数有什么要求？误差方程的个数由什么决定？它与参数的选择有无关系？

2. 对水准网进行条件平差和间接平差时，如何求单位权中误差？如何求水准网平差值函数的中误差？

3. 在如图 5-11 所示的水准网中，A 为已知点，高程为 $H_A = 10.000\text{m}$，$P_1 \sim P_4$ 为待定

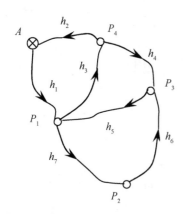

图 5-11　水准网

点，观测高差及路线长度为：

$$h_1 = 1.270\text{m}, S_1 = 2\text{km}, h_2 = -3.380\text{m}, S_2 = 2\text{km}$$
$$h_3 = 2.114\text{m}, S_3 = 1\text{km}, h_4 = 1.613\text{m}, S_4 = 2\text{km}$$
$$h_5 = -3.721\text{m}, S_5 = 1\text{km}, h_6 = 2.931\text{m}, S_6 = 2\text{km}$$
$$h_7 = 0.782\text{m}, S_7 = 2\text{km}$$

若设 P_2 点高程平差值为参数，求：

①列出条件方程；

②列出法方程；

③求出观测值的改正数及平差值；

④平差后单位权方差及 P_2 点高程平差值中误差。

4. 在如图 5-12 所示的水准网中，由高程已知的水准点 A、B、C，向待定点 D 作水准测量，各已知点高程分别为：

$$H_A = 53.520\text{m}, H_B = 54.818\text{m}, H_C = 53.768\text{m}$$

各观测高差分别为：

$$h_1 = 3.476\text{m}, h_2 = 2.198\text{m}, h_3 = 3.234\text{m}$$

各路线长度分别为：

$$S_1 = 2\text{km}, S_2 = 1\text{km}, S_3 = 2\text{km}$$

试列出误差方程并确定未知点高程的中误差。

5. 在如图 5-13 所示的水准网中，已知点 $H_A = 10.000\text{m}$，观测各点间的高差为：

$$h_1 = 1.015\text{m}, h_2 = 12.570\text{m}, h_3 = 6.161\text{m},$$
$$h_4 = 11.563\text{m}, h_5 = 6.414\text{m}$$

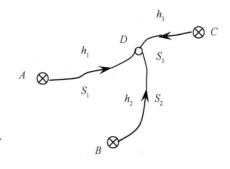

图 5-12　水准网

设 $Q = I$，试按间接平差法求：

①待定点 P_1、P_2、P_2 的高程平差值；

②平差后 P_1 至 P_3 点间高差平差值及中误差。

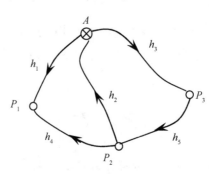

图 5-13　水准网

项目六　误差椭圆

任务6.1　点位中误差

控制点的平面位置是用一对平面直角坐标来确定的。为了确定待定点的平面坐标，通常需进行一系列观测，由于观测值总是带有误差，因而根据观测值，通过平差计算所得的是待定点坐标的平差值平差 x、y，它们并不是待定点坐标的真值 $\tilde{x}$、$\tilde{y}$。

如图 6-1 所示，A 为已知点，假设它们的坐标是不带有误差的数值。P 为待定点的真位置，P' 为由观测值通过平差所求得的最或然点位，P' 点相对 P 点的偏移量 ΔP 称为 P 点的点位真误差。而：

$$\left.\begin{array}{l} \Delta x = \tilde{x} - x \\ \Delta y = \tilde{y} - y \end{array}\right\} \tag{6-1}$$

为 ΔP 在 x、y 坐标轴上的投影，分别称为 x 坐标真位差（Δx）和 y 坐标真位差（Δy）。

由图 6-1 可知：

$$\Delta P^2 = \Delta x^2 + \Delta y^2 \tag{6-2}$$

对公式（6-2）两边取数学期望，得：

$$E(\Delta P^2) = E(\Delta x^2) + E(\Delta y^2) = \sigma_x^2 + \sigma_y^2$$

式中：$E(\Delta P^2)$ 是 P 点真位差平方的理论平均值，通常定义为 P 点的点位方差，并记为 σ_P^2，于是有：

$$\sigma_P^2 = \sigma_x^2 + \sigma_y^2 \tag{6-3}$$

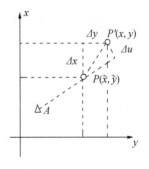

图 6-1　点位真误差

如果将图 6-1 中的坐标系旋转某一个角度，即以 $x'oy'$ 为坐标系（如图 6-2 所示），则 A、P、P' 各点的坐标分别为（$\tilde{x}'_A$，$\tilde{y}'_A$）、（$\tilde{x}'$，$\tilde{y}'$）和（x'，y'）。虽然在新坐标系中对应的真误差 $\Delta x'$ 和 $\Delta y'$ 的大小变了，但 ΔP 的大小将不会因坐标轴的变动而发生变化，此时 $\Delta P^2 = \Delta x'^2 + \Delta y'^2$，仿公式（6-3）可以直接写出：

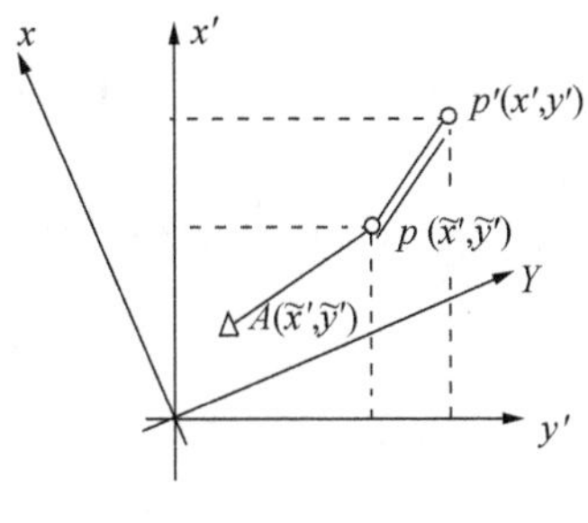

$$\sigma_P^2 = \sigma_{x'}^2 + \sigma_{y'}^2 \tag{6-4}$$

由公式（6-3）和公式（6-4）可见，点位方差 σ_P^2 总是等于两个相互垂直方向上的坐标方差 σ_x^2 和 σ_y^2 或 $\sigma_{x'}^2$ 和 $\sigma_{y'}^2$ 的平方和，即点位方差 σ_P^2 的大小与坐标系的选择无关。

如果再将 P 点的真位差 ΔP 投影于 AP 方向和垂直 AP 的方向上，则得 Δs 和 Δu（如图 6-1 所示），此时有：

图 6-2　点位方差不变性

$$\Delta P^2 = \Delta s^2 + \Delta u^2$$

仿公式（6-3）又可以写出：

$$\sigma_P^2 = \sigma_s^2 + \sigma_u^2 \tag{6-5}$$

式中：σ_s 称为纵向误差，σ_u 称为横向误差。通过纵、横向误差来求定点位误差，这在测量工作中也是一种常用的方法。

从以上讨论中可以看出，点位中误差 σ_p 虽然可以用来评定待定点的点位精度，但是却不能代表该点在某一任意方向上的位差大小。而上面提到的 σ_x、σ_y、σ_s 和 σ_u 等，也只能代表待定点在 x 和 y 轴上，以及在 AP 边的纵向和横向上的位差。但在有些情况下，往往需要研究点位在哪一个方向上的位差最大，在哪一个方向上的位差最小。在工程放样工作中，就经常需要研究这个问题。例如，贯通测量中的误差预计是重要的工作之一，如图 6-3 所示的贯通测量中，需要求出贯通点 P 的纵向和横向误差的大小，并了解点位在哪一个方向上的位差最大，在哪一个方向上的位差最小。为了便于求待定点点位在任意方向上位差的大小，一般通过求待定点的点位误差椭圆来实现。通过误差椭圆可以求得待定点在任意方向上的位差，这样就可以较精确、形象而全面地反映待定点点位在各个方向上误差的分布情况。

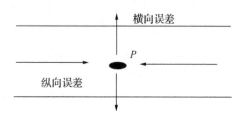

图 6-3　贯通测量点位误差

任务 6.2　点位误差的计算

6.2.1　点位中误差的计算

（1）利用纵、横坐标协因数计算点位中误差

待定点纵、横坐标的方差按下式计算：

$$\left.\begin{array}{l} \sigma_x^2 = \sigma_0^2 \dfrac{1}{p_x} = \sigma_0^2 Q_{xx} \\[2mm] \sigma_y^2 = \sigma_0^2 \dfrac{1}{p_y} = \sigma_0^2 Q_{yy} \end{array}\right\} \tag{6-6}$$

根据公式（6-3）可求得点位方差：

$$\sigma_P^2 = \sigma_0^2 (Q_{xx} + Q_{yy}) \tag{6-7}$$

（2）协因数 Q_{xx}、Q_{yy} 的计算

当以三角网中待定点的坐标作为未知数，按间接平差法平差时，法方程系数阵的逆阵就是未知数的协因数阵 $Q_{\hat{X}\hat{X}}$，当平差问题中只有一个待定点时，则：

$$Q_{\hat{X}\hat{X}} = (B^T P B)^{-1} = \begin{bmatrix} Q_{xx} & Q_{xy} \\ Q_{yx} & Q_{yy} \end{bmatrix} \tag{6-8}$$

式中：主对角线元素 Q_{xx}、Q_{yy} 就是待定点坐标 x 和 y 的权倒数，而 Q_{xy} 或 Q_{yx} 则是它们的相关权倒数。当平差问题中有多个待定点，例如 S 个待定点时，未知数的协因数阵为：

$$Q_{\hat{x}\hat{x}\atop 2S,2S} = (B^T P B)^{-1} =$$

$$\begin{bmatrix} Q_{x_1x_1} & Q_{x_1y_1} & \cdots & Q_{x_1x_i} & Q_{y_1y_i} & \cdots & Q_{x_1x_s} & Q_{x_1y_s} \\ Q_{y_1x_1} & Q_{y_1y_1} & \cdots & Q_{y_1x_i} & Q_{y_1y_i} & \cdots & Q_{y_1x_s} & Q_{y_1y_s} \\ \vdots & \vdots & \vdots & \vdots & \vdots & \vdots & \vdots & \vdots \\ Q_{x_sx_1} & Q_{x_sy_1} & \cdots & Q_{x_sx_i} & Q_{x_sy_i} & \cdots & Q_{x_sx_s} & Q_{x_sy_s} \\ Q_{y_sx_1} & Q_{y_sy_1} & \cdots & Q_{y_sx_i} & Q_{y_sy_i} & \cdots & Q_{y_sx_s} & Q_{y_sy_s} \end{bmatrix} \qquad (6\text{-}9)$$

待定点坐标的权倒数仍为相应的对角线上的元素，而相关权倒数则在相应的权倒数连线的两侧。

当三角网按条件平差时，待定点的坐标平差值是观测值的函数，求待定点的坐标平差值的协因数，可根据条件平差中求平差值函数的协因数的方法计算。

6.2.2　任意方向 φ 的位差

为了求待定点 P 在某一任意方向 φ 上的位差，需先找出 P 点在 φ 方向上的真误差 $\Delta\varphi$ 与纵、横坐标的真误差 Δx、Δy 的函数关系，然后求出位差。P 点在 φ 方向上的位置真误差，实际上就是 P 点的点位真误差在 φ 方向上的投影值。如图 6-4 所示，点位真误差 PP' 在 φ 方向的投影值为 PP'''。

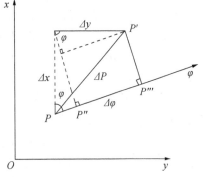

图 6-4　任意方位 φ 的位差

由图 6-4 可以看出，$\Delta\varphi$ 与 Δx、Δy 的关系为：

$$\Delta\varphi = \overline{PP''} + \overline{P''P'''} = \Delta x\cos\varphi + \Delta y\sin\varphi$$

根据协方差传播律，得：

$$\sigma_\varphi^2 = \sigma_x^2\cos^2\varphi + \sigma_y^2\sin^2\varphi + \sigma_{xy}\sin2\varphi \qquad (6\text{-}10)$$

或：

$$\sigma_\varphi^2 = \sigma_0^2 Q_{\varphi\varphi} = \sigma_0^2(Q_{xx}\cos^2\varphi + Q_{yy}\sin^2\varphi + Q_{xy}\sin2\varphi) \qquad (6\text{-}11)$$

公式（6-11）就是求任意方位 φ 方向上点位方差的计算公式。

6.2.3　位差的极大值 E 和极小值 F 及极值方向

公式（6-11）是求任意方向上的位差公式，只要给出一个 φ 值，就可以算出对应的位差。因为 φ 在 0°～360°可以取无穷多个值，所以位差 σ_φ^2 也有无穷多个值，那么，其中就应存在一个极大值和一个极小值。而且，在实际测量工作中，有时需要知道在一定的观测精度下，P 点的位差在什么方向具有极大值和极小值。在公式（6-11）中，σ_0 代表单位权观测值的精度，它的大小与 φ 角无关，而 $Q_{\varphi\varphi}$ 的大小则随着 φ 值的改变而改变。因此，为了求位差的极大值和极小值，只要将 $Q_{\varphi\varphi}$ 对 φ 角取导数，并令其为零，即可求出取得极值时的方向 φ_0。也就是使：

$$\frac{\mathrm{d}}{\mathrm{d}\varphi}(Q_{xx}\cos^2\varphi + Q_{yy}\sin^2\varphi + Q_{xy}\sin2\varphi) = 0$$

即：

$$-2Q_{xx}\cos\varphi_0\sin\varphi_0 + 2Q_{yy}\sin\varphi_0\cos\varphi_0 + 2Q_{xy}\cos2\varphi_0 = 0$$

或：

$$-Q_{xx}\sin2\varphi_0 + Q_{yy}\sin2\varphi_0 + 2Q_{xy}\cos2\varphi_0 = 0$$

由此得：

$$\tan2\varphi_0 = \frac{2Q_{xy}}{Q_{xx} - Q_{yy}} \tag{6-12}$$

根据上式可得两个解 $2\varphi_0$ 和 $2\varphi_0 + 180°$，极值方向为 φ_0 和 $\varphi_0 + 90°$。那么，在这两个方向中，哪一个是极大值方向，哪一个是极小值方向呢？为此，将 φ_0 代入公式（6-11）得：

$$\sigma_{\varphi_0}^2 = \sigma_0^2(Q_{xx}\cos^2\varphi_0 + Q_{yy}\sin^2\varphi_0 + Q_{xy}\sin2\varphi_0)$$

$$= \sigma_0^2\left(Q_{xx}\cos^2\varphi_0 + Q_{yy}\sin^2\varphi_0 + Q_{xy}\frac{2\tan\varphi_0}{1 + \tan^2\varphi_0}\right)$$

式中：括号内前两项恒为正值，因此，当 Q_{xy} 与 $\tan\varphi_0$ 同号时，$\sigma_{\varphi_0}^2$ 为极大值，而 $\sigma_{\varphi_0 + 90°}^2$ 为极小值；当 Q_{xy} 与 $\tan\varphi_0$ 异号时，$\sigma_{\varphi_0}^2$ 为极小值，而 $\sigma_{\varphi_0 + 90°}^2$ 为极大值。可见，在 φ_0 方向是取得极大值还是极小值，取决于 Q_{xy} 与 $\tan\varphi_0$ 的符号，据此，判别极值方向的方法总结如下：

当 $Q_{xy} > 0$ 时，极大值在第Ⅰ、Ⅲ象限（$\tan\varphi_0 > 0$）；极小值在第Ⅱ、Ⅳ象限（$\tan\varphi_0 < 0$）。

当 $Q_{xy} < 0$ 时，极大值在第Ⅱ、Ⅳ象限（$\tan\varphi_0 < 0$）；极小值在第Ⅰ、Ⅲ象限（$\tan\varphi_0 > 0$）。

特别地：当 $Q_{xy} = 0$，且 $Q_{xx} \neq Q_{yy}$ 时，若 $Q_{xx} > Q_{yy}$ 极大值方向为 0°（x 轴）；若 $Q_{xx} < Q_{yy}$ 极大值为 90°（y 轴）。

习惯上，用 φ_E 表示极大值方向，φ_F 表示极小值方向；用 E、F 分别表示位差的极大值和极小值。φ_E 与 φ_F 总是互差 90°，即 $\varphi_E = \varphi_F + 90°$。因此，计算位差极值的公式为：

$$E^2 = \sigma_0^2(Q_{xx}\cos^2\varphi_E + Q_{yy}\sin^2\varphi_E + Q_{xy}\sin2\varphi_E)$$
$$F^2 = \sigma_0^2(Q_{xx}\cos^2\varphi_F + Q_{yy}\sin^2\varphi_F + Q_{xy}\sin2\varphi_F) \tag{6-13}$$

此外，还可以导出计算位差极值的常用公式，其推导如下。

将 φ_0 代入公式（6-11），并考虑到：

$$\cos^2\varphi_0 = \frac{1 + \cos2\varphi_0}{2}, \sin^2\varphi_0 = \frac{1 - \cos2\varphi_0}{2}$$

得：

$$\sigma_{\varphi_0}^2 = \sigma_0^2(Q_{xx}\cos^2\varphi_0 + Q_{yy}\sin^2\varphi_0 + Q_{xy}\sin2\varphi_0)$$

$$= \sigma_0^2\left(Q_{xx}\frac{1 + \cos2\varphi_0}{2} + Q_{yy}\frac{1 - \cos2\varphi_0}{2} + Q_{xy}\sin2\varphi_0\right)$$

$$= \frac{\sigma_0^2}{2}[(Q_{xx} + Q_{yy}) + (Q_{xx} - Q_{yy})\cos2\varphi_0 + 2Q_{xy}\sin2\varphi_0]$$

顾及公式（6-12），则：

$$\sigma_{\varphi_0}^2 = \frac{1}{2}\sigma_0^2[(Q_{xx} + Q_{yy}) + \frac{2Q_{xy}}{\tan2\varphi_0}\cos2\varphi_0 + 2Q_{xy}\sin2\varphi_0]$$

$$= \frac{1}{2}\sigma_0^2[(Q_{xx} + Q_{yy}) + \frac{2Q_{xy}}{\sin2\varphi_0}]$$

将三角公式：

$$\frac{1}{\sin 2\varphi_0} = \pm\sqrt{1 + \cot^2 2\varphi_0}$$

代入上式得：

$$\sigma_{\varphi_0}^2 = \frac{1}{2}\sigma_0^2\left[(Q_{xx} + Q_{yy}) \pm 2Q_{xy}\sqrt{1 + \cot^2 2\varphi_0}\right]$$

$$= \frac{1}{2}\sigma_0^2\left[(Q_{xx} + Q_{yy}) \pm 2Q_{xy}\sqrt{1 + \frac{(Q_{xx} - Q_{yy})^2}{(2Q_{xy})^2}}\right]$$

$$= \frac{1}{2}\sigma_0^2\left[(Q_{xx} + Q_{yy}) \pm \sqrt{(Q_{xx} - Q_{yy})^2 + 4Q_{xy}^2}\right]$$

令：

$$K = \sqrt{(Q_{xx} - Q_{yy})^2 + 4Q_{xy}^2} \tag{6-14}$$

则：

$$E^2 = \frac{1}{2}\sigma_0^2\left[(Q_{xx} + Q_{yy}) + K\right]$$

$$F^2 = \frac{1}{2}\sigma_0^2\left[(Q_{xx} + Q_{yy}) - K\right] \tag{6-15}$$

不难看出，σ_P^2 与 E^2 及 F^2 存在下面关系：

$$\sigma_P^2 = E^2 + F^2 \tag{6-16}$$

6.2.4　用极值 E、F 表示任意方向 ψ 上的位差

上面已经导出求待定点在任意方向上位差的实用公式（6-11），式中方向 φ 是从纵坐标 x 轴算起的。为了方便后面的讨论，现导出以极值 E、F 表示的任意方向 ψ 上位差的计算公式，此处方向 ψ 是以极大值 E 的方向为起始轴。即把坐标 xoy 旋转 φ_E 角后形成 x_eoy_e 坐标系，亦即以极大值方向为纵轴 x_e，极小值方向为横轴 y_e。

由图 6-5 可知，任意方向在两个坐标系中的方位角有如下关系：

$$\varphi = \psi + \varphi_E$$

把 $\varphi = \psi + \varphi_E$ 代入公式（6-10）式得：

$$\sigma_\psi^2 = \sigma_\varphi^2 = \sigma_x^2\cos^2(\psi + \varphi_E) + \sigma_y^2\sin^2(\psi + \varphi_E) + \sigma_{xy}\sin(2\psi + 2\varphi_E)$$

$$= \sigma_x^2\left(\cos^2\psi\cos^2\varphi_E + \sin^2\psi\sin^2\varphi_E - \frac{1}{2}\sin 2\psi\sin 2\varphi_E\right) +$$

$$\sigma_y^2\left(\sin^2\psi\cos^2\varphi_E + \cos^2\psi\sin^2\varphi_E + \frac{1}{2}\sin 2\psi\sin 2\varphi_E\right) +$$

$$\sigma_{xy}\left(\sin 2\psi\cos 2\varphi_E + \cos^2\psi\sin 2\varphi_E - \sin^2\psi\sin 2\varphi_E\right)$$

$$= \cos^2\psi\left(\sigma_x^2\cos^2\varphi_E + \sigma_y^2\sin^2\varphi_E + \sigma_{xy}\sin 2\varphi_E\right) +$$

$$\sin^2\psi\left(\sigma_x^2\sin^2\varphi_E + \sigma_y^2\cos^2\varphi_E - \sigma_{xy}\sin 2\varphi_E\right) -$$

$$\frac{1}{2}\sin 2\psi\left[(\sigma_x^2 - \sigma_y^2)\sin 2\varphi_E - 2\sigma_{xy}\cos 2\varphi_E\right]$$

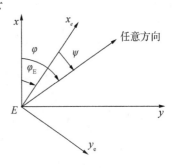

图 6-5　两坐标系中方位角关系

顾及公式（6-12）和公式（6-13），则上式为：

$$\sigma_\psi^2 = E^2\cos^2\psi + F^2\sin^2\psi \tag{6-17}$$

这就是以极大值方向为起始轴，用 E、F 表示的任意方向 ψ 上的位差 σ_ψ 的计算公式。

例 6-1　如图 6-6 所示，在固定三角形内插入一点 P，经过平差后得 P 点坐标的协因数阵为：

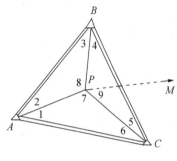

图 6-6　三角网

$$\begin{bmatrix} Q_{xx} & Q_{xy} \\ Q_{yx} & Q_{yy} \end{bmatrix} = \begin{bmatrix} +1.2277 & -0.2814 \\ -0.2814 & +0.9573 \end{bmatrix}\left(\frac{\text{cm}^2}{\text{s}^2}\right)$$

单位权方差为 $\sigma_0 = 5.08\text{s}$，试用两种方法求：

①位差的极值方向 φ_E 和 φ_F；

②位差的极大值 E 与极小值 F；

③已算出 PM 方向的方位角 $\alpha_{PM} = 65°29'00''$，PM 方向上的点位误差为多少？

④P 点的点位方差。

解：

①计算极值方向。

由公式（6-12）：

$$\tan 2\varphi_0 = \frac{2Q_{xy}}{Q_{xx} - Q_{yy}} = \frac{2 \times (-0.2814)}{1.2277 - 0.9573} = -2.0814$$

解得：$2\varphi_0 = 295°39'42''$ 或 $115°39'42''$，即极值方向为 $147°49'51''$ 或 $57°49'51''$；因为 $Q_{xy} < 0$，故：

$$\varphi_E = 147°49'51'' \text{或} 327°49'51'', \varphi_F = 57°49'51'' \text{或} 237°49'51''$$

②求位差的极值。

由公式（6-14）和公式（6-15）得：

$$K = \sqrt{(Q_{xx} - Q_{yy})^2 + 4Q_{xy}^2} = \sqrt{(1.2277 - 0.9573)^2 + 4 \times (-0.2814)^2} = \pm 0.6244$$

则有：

$$E^2 = \frac{1}{2}\sigma_0^2(Q_{xx} + Q_{yy} + K) = \frac{1}{2}(5.08)^2(1.2277 + 0.9573 + 0.6244) = 36.2503\text{cm}^2$$

$$F^2 = \frac{1}{2}\sigma_0^2(Q_{xx} + Q_{yy} - K) = \frac{1}{2}(5.08)^2(1.2277 + 0.9573 - 0.6244) = 20.1367\text{cm}^2$$

$$E = \pm 6.02\text{cm}, F = \pm 4.49\text{cm}$$

也可用公式（6-13）计算得到：

$$E = \sigma_0\sqrt{Q_{xx}\cos^2\varphi_E + Q_{yy}\sin^2\varphi_E + Q_{xy}\sin 2\varphi_E} = \pm 6.02\text{cm}$$

$$F = \sigma_0\sqrt{Q_{xx}\cos^2\varphi_F + Q_{yy}\sin^2\varphi_F + Q_{xy}\sin 2\varphi_F} = \pm 4.49\text{cm}$$

③求 P 点在 PM 方向上的位差。

将 PM 的方位角 $\alpha_{PM} = 65°29'00''$ 代入公式（6-11）得：

$$\sigma_{\alpha_{PM}}^2 = \sigma_0^2(Q_{xx}\cos^2\alpha_{PM} + Q_{yy}\sin^2\alpha_{PM} + Q_{xy}\sin 2\alpha_{PM})$$

$$= (5.08)^2[1.2277\cos^2(65°29'00'') + 0.9573\sin^2(65°29'00'') -$$

$$0.2814\sin(130°58'00'')]$$

$$= 20.4226\text{cm}^2$$

$$\sigma_\varphi = \sigma_{\alpha_{PM}} = 4.52\text{cm}$$

也可以用公式（6-17）计算 PM 方向上的位差。此时，以极大值方向为坐标纵轴、PM 的方向角为：

$$\psi = \alpha_{PM} - \varphi_E = 65°29'00'' - 147°49'51'' = -82°20'51'' = 277°39'09''$$

则：

$$\sigma_\psi^2 = E^2\cos^2\psi + F^2\sin^2\psi$$

$$= 36.2503\cos^2(277°39'09'') + 20.1367\sin^2(277°39'09'')$$

$$= 20.4224\text{cm}^2$$

$$\sigma_\psi = 4.52\text{cm}$$

④点位方差计算。

$$\sigma_P^2 = \sigma_0^2(Q_{xx} + Q_{yy}) = (5.08)^2(1.2277 + 0.9573) = 56.3870\text{cm}^2$$

即：

$$\sigma_P = 7.51\text{cm}$$

或：

$$\sigma_P = \pm\sqrt{E^2 + F^2} = \pm\sqrt{36.2503 + 20.1367} = 7.51\text{cm}$$

例 6-2　如图 6-7 所示，已知：

$$x_A = 4578.67\text{m}, y_A = 3956.74\text{m}, \alpha_{AB} = 345°18'00''$$

为确定 P 点的位置，作如下观测：

$$\beta = 89°15'42'' \pm 4'', S = 600.150\text{m} \pm 10\text{mm}$$

试用两种方法确定 P 点位差的极大值及其方向。

解法一：

由 P 点的坐标差计算 φ_E 及 E。

由图 6-7 可列函数式：

$$x_P = x_A + S\cos(\alpha_{AB} + \beta)$$

$$y_P = y_A + S\sin(\alpha_{AB} + \beta)$$

求全微分 $\mathrm{d}x_P$、$\mathrm{d}y_P$，且 $\mathrm{d}S$ 以毫米（mm）为单位，得：

$$\begin{bmatrix} \mathrm{d}x_P \\ \mathrm{d}y_P \end{bmatrix} = \begin{bmatrix} \cos\alpha_{AP} & -\dfrac{1000}{\rho}\Delta y_{AP} \\ \sin\alpha_{AP} & \dfrac{1000}{\rho}\Delta x_{AP} \end{bmatrix} \begin{bmatrix} \mathrm{d}S \\ \mathrm{d}\beta \end{bmatrix}$$

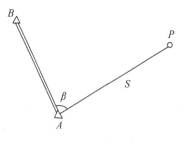

图 6-7　点观测

对上式应用协方差传播律，得：

$$\begin{bmatrix} \sigma_x^2 & \sigma_{xy} \\ \sigma_{yx} & \sigma_y^2 \end{bmatrix} = \begin{bmatrix} 0.266\ 201 & -2.804\ 621 \\ 0.963\ 918 & 0.774\ 540 \end{bmatrix} \begin{bmatrix} 100 & 0 \\ 0 & 16 \end{bmatrix} \begin{bmatrix} 0.266\ 201 & 0.963\ 918 \\ -2.804\ 621 & 0.774\ 540 \end{bmatrix}$$

$$= \begin{bmatrix} 132.940\ 681 & -9.097\ 065 \\ -9.097\ 065 & 102.512\ 387 \end{bmatrix}$$

由公式（6-11），得：

$$\tan 2\varphi_0 = \frac{2\sigma_{xy}}{\sigma_x^2 - \sigma_y^2} = \frac{2 \times (-9.097\ 065)}{132.940\ 681 - 102.512\ 387} = -0.597\ 93$$

解得：

$$2\varphi_0 = 149°07'24''\text{或}\ 329°07'24''$$

$$\varphi_0 = 74°33'42'\text{或}\ 164°33'42'$$

因为：

$$\sigma_{xy} = -9.082 < 0$$

所以极大值方向为：

$$\phi_E = 164°33'42''$$

极大值为：

$$E = \pm\sqrt{\sigma_x^2\cos^2\varphi_E + \sigma_y^2\sin^2\varphi_E + \sigma_{xy}\sin 2\varphi_E} = \pm 11.64\text{mm}$$

或：

$$E = \pm\sqrt{\frac{1}{2}(\sigma_x^2 + \sigma_y^2) + \sqrt{(\sigma_x^2 - \sigma_y^2) + 4\sigma_{xy}^2}} = \pm 11.64\text{mm}$$

解法二：

以 AP 方向为纵轴建立坐标系 $x'oy'$，所建坐标系相当于 xoy 坐标系顺时针旋转 $\alpha_{AP} = 74°33'42''$ 而得到。

在 $x'oy'$ 坐标系中，P 点纵坐标的方差 $\sigma_{x'}^2$ 就是 P 点的纵向方差 σ_S^2，即：

$$\sigma_{x'}^2 = \sigma_S^2 = 100\text{mm}^2$$

P 点横向坐标的方差就是 P 点横向方差，即：

$$\sigma_{y'}^2 = \sigma_u^2 = \frac{1}{\rho^2}S^2\sigma_\beta^2 = 135.45\text{mm}^2$$

由于：

$$\tan 2\varphi_0' = \frac{2\sigma_{x'y'}}{\sigma_{x'}^2 - \sigma_{y'}^2} = 0$$

解得：

$$2\varphi_0' = 0\ \text{或}\ 180°$$

$$\varphi_0' = 0\ \text{或}\ 90°$$

因为：

$$\sigma_{x'y'} = 0, \sigma_{x'}^2 < \sigma_{y'}^2$$

故在 $x'oy'$ 坐标系中，P 点位差极大值方向 $\varphi_E' = 90°$。

位差极大值为：

$$E = \sqrt{\sigma_{x'}^2\cos^2\varphi_E' + \sigma_{y'}^2\sin^2\varphi_E' + \sigma_{x'y'}\sin 2\varphi_E'} = \pm 11.64\text{mm}$$

把 φ_E' 化为 xoy 坐标系中的方位角，得：

$$\varphi_E = \varphi_E' + 74°33'42'' = 164°33'42'$$

例 6-3　在例 6-1 中平差后已经算得 PA 的坐标方位角 $\alpha_{PA} = 230°10'30''$，边长 $S_{PA} =$

1200.50m，试求 PA 边的方位角中误差 $\sigma_{\alpha_{PA}}$ 及边长相对误差。

解：

因为 PA 边长的中误差便是 PA 方向上的位差，则有：

$$\begin{aligned}
\sigma_{S_{PA}}^2 = \sigma_{\alpha_{PA}}^2 &= \sigma_0^2 (Q_{xx}\cos^2\alpha_{PA} + Q_{yy}\sin^2\alpha_{PA} + Q_{xy}\sin 2\alpha_{PA}) \\
&= (5.08)^2 (1.2277\cos^2(230°10'30'') + 0.9573\sin^2(230°10'30'') - \\
&\quad 0.2814\sin(100°21'00'')) \\
&= 20.4229
\end{aligned}$$

$$\sigma_{S_{PA}} = \pm 4.52\text{cm}$$

边长相对中误差为：

$$\frac{\sigma_{S_{PA}}}{S_{PA}} = \frac{4.52}{120\ 050} = \frac{1}{26\ 560}$$

要计算 PA 边的方位角误差，首先要计算 PA 边的横向误差，即垂直于 PA 边方向上的 P 点位差，垂直方向的方位角为 $\varphi = 230°10'30'' \pm 90°$，则有：

$$\begin{aligned}
\sigma_u^2 = \sigma_\varphi^2 &= \sigma_0^2 (Q_{xx}\cos^2\varphi + Q_{yy}\sin^2\varphi + Q_{xy}\sin 2\varphi) \\
&= (5.08)^2 (1.2277\cos^2(320°10'30'') + 0.9573\sin^2(320°10'30'') - \\
&\quad 0.2814\sin(280°21'00'')) \\
&= 35.9641
\end{aligned}$$

$$\sigma_u = 6.00\text{cm}$$

由于：

$$\sigma_u = \frac{1}{\rho} S_{PA} \sigma_{\alpha_{PA}}$$

得：

$$\sigma_{\alpha_{PA}} = \frac{\rho\sigma_u}{S_{PA}} = \frac{206\ 265 \times 6.00}{120\ 050} = 10.31''$$

任务6.3 误差曲线

6.3.1 误差曲线的概念

在工程控制测量中，除了计算待定点在某一给定方向上的位差以外，有时为了更清楚直观地了解某些待定点的位差在平面各方向上的分布情况，需要把待定点各方向上的位差分解出来，以便分析研究待定点的点位误差特性及优化测量方案。

以不同的 ψ（$0° \leqslant \psi \leqslant 360°$）值代入下式：

$$\sigma_\psi^2 = E^2\cos^2\psi + F^2\sin^2\psi$$

算出各个方向的 σ_ψ 值，以 ψ 和 σ_ψ 为极坐标的点的轨迹必为一闭合曲线（如图6-8所示）。该曲线称为误差曲线或精度曲线。

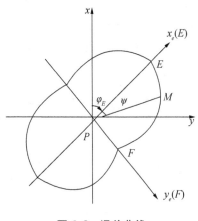

图 6-8　误差曲线

6.3.2　误差曲线的特点

①这条曲线在任意方向 ψ 上的向径 $\overline{PM}$ 就是点 P 在该方向的位差。当 $\psi = 0°$ 时，$\sigma_\psi = E$；当 $\psi = 90°$ 时，$\sigma_\psi = F$。

②误差曲线是关于 $x_e(E)$ 轴、$y_e(F)$ 轴对称的。

6.3.3　绘制误差曲线的方法

待定点的误差曲线，可以用作图的方法画出来。

第一步，按前述的有关公式计算出 φ_E、E 和 F 的值。

第二步，用图解法确定曲线的向径 σ_ψ。如图 6-9 所示，以极值方向为坐标轴，按一定比例尺在第 I、III 象限内，以点 O 为圆心，分别以 E、F 为半径画弧，再以 x_e 为起始方向，过 O 点作一系列 ψ 角（如取 $\psi = 20°$，$40°$，$60°$，$80°$）的直线，将直线与圆弧的交点分别投影到 x_e、y_e 轴上，得到交点 a' 和 a''。线段 $\overline{a'a''}$ 长度便是角度 ψ 对应的误差曲线的向径 σ_ψ，亦即 ψ 方向的位差。在 ψ 方向的直线上，自 O 点量取线段 $\overline{Oa} = \overline{a'a''}$ 得 a 点，便是误差曲线上的点。可以证明 $\overline{a'a''} = \sigma_\psi$，如下：

$$\overline{a'a''^2} = \overline{Oa'^2} + \overline{Oa''^2} = E^2\cos^2\psi + F^2\sin^2\psi = \sigma_\psi^2$$

即：

$$\overline{a'a''} = \sigma_\psi$$

第三步，根据 ψ 的不同取值，可用上述方法确定其各向径的长度，便可绘出待定点的误差曲线。具体方法是如下。

①用较小比例尺绘出三角点位置图，如图 6-10 所示。图中 A、B、C 为已知点。以待定点 P 为原点，建立 xoy 坐标系，并根据已求出的 φ_E 值，确定极值 $E(x_e$ 轴）、$F(y_e$ 轴）的方向。

②以较大的比例尺在 x_e、y_e 轴上取 $\overline{Pc} = E$，$\overline{Pd} = F$，再以 x_e 为起始方向，将不同的 ψ 值及其相应的向径，仍按该比例尺逐一展绘上去。

③平滑地依次将各点连接起来，得到了待定点 P 的误差曲线图。

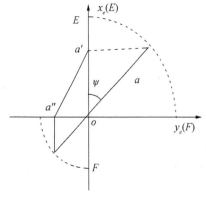

图 6-9　角度 ψ 的向径 σ_ψ 的绘制

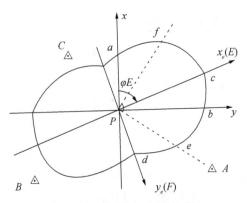

图 6-10　极值 E、F 的绘制

6.3.4　误差曲线的用途

误差曲线的用途颇为广泛，利用误差曲线图可以得到待定点的各种误差信息。

① 待定点任意方向位差，如 $\sigma_{P_x} = \overline{Pa}$，$\sigma_{P_y} = \overline{Pb}$，$\sigma_{\varphi_E} = \overline{Pc}$，$\sigma_{\varphi_F} = \overline{Pd}$。

② 确定点位中误差，如 $\sigma_P = \pm\sqrt{\overline{Pa}^2 + \overline{Pb}^2} = \pm\sqrt{\overline{Pc}^2 + \overline{Pd}^2}$。

③ 待定点 P 至任意已知三角点（视其无误差）的边长中误差，如 PA 边的边长中误差为 $\sigma_{S_{PA}} = \pm\overline{Pe}$。

④ 待定点 P 至任意已知三角点（视其无误差）的方位角中误差，如 PA 边的方位角中误差为 $\sigma_{T_{PA}} = \pm\rho''\dfrac{\overline{Pf}}{S_{PA}}\sigma_{\alpha_{PA}} = \pm\rho''\dfrac{\overline{Pf}}{S_{PA}}$。

任务6.4　误差椭圆

误差曲线不是一种典型曲线，作图也不方便，因此降低了它的实用价值。但其形状与以 E、F 为长短半轴的椭圆很相似。在以 x_e、y_e 为坐标轴的坐标系中，该椭圆的方程为：

$$\frac{x_e^2}{E^2} + \frac{y_e^2}{F^2} = 1 \tag{6-18}$$

椭圆是一种规则图形，作图也比较容易。所以，实际上常用以 E、F 为长短半轴的椭圆来代替相应的误差曲线，用来计算待定点在各方向上的位差，故称该椭圆为误差椭圆。将确定误差椭圆的 3 个参数 φ_E、E、F 称为误差椭圆元素。

为了说明误差椭圆与误差曲线之间的关系，在如图 6-11 所示椭圆任意一点 $T(x_e$、$y_e)$ 作切线 TQ，再由椭圆中心 O 向该切线引垂线交于 D，D 点为垂足。若令 OD 与 x_e 轴夹角为 ψ，那么，线段 $\overline{OD}$ 的长度就是误差曲线在 ψ 方向上的向径，即为该方向上的位差 σ_ψ。下面就来证明 $\overline{OD} = \sigma_\psi$。

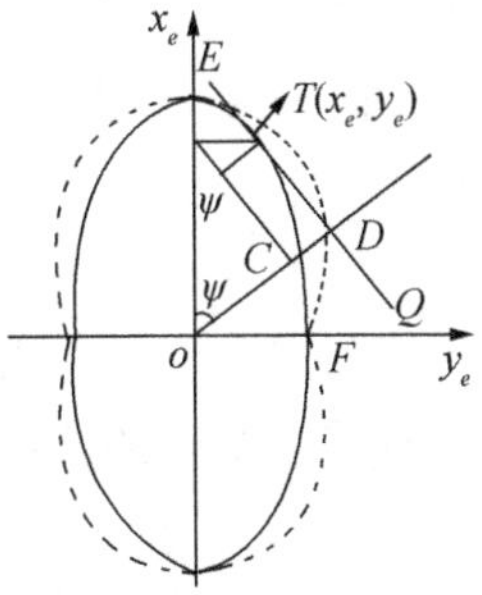

由图 6-11 可知：

$$\overline{OD} = \overline{OC} + \overline{CD} = x_{e_1}\cos\psi + y_{e_1}\sin\psi$$

图 6-11　误差椭圆

将上式平方，得：

$$\overline{OD}^2 = x_{e_1}^2\cos^2\psi + y_{e_1}^2\sin^2\psi + 2x_{e_1}y_{e_1}\sin\psi\cos\psi \tag{6-19}$$

过椭圆上点 T 的切线的斜率 k，由公式（6-18），得：

$$k = \frac{\mathrm{d}y_e}{\mathrm{d}x_e} = -\frac{F^2 x_{e_1}}{E^2 y_{e_1}}$$

又知切线 TD 与直线 OD 垂直，则切线斜率为：

$$k = -\frac{1}{\tan\psi}$$

则有：

$$\frac{F^2 x_{e_1}}{E^2 y_{e_1}} = \frac{1}{\tan\psi}$$

即：

$$-\frac{x_{e_1}}{E^2}\sin\psi + \frac{y_{e_1}}{F^2}\cos\psi = 0$$

将上式平方并两端同乘以 $E^2 F^2$，得：

$$\frac{x_{e_1}^2}{E^2}F^2\sin^2\psi + \frac{y_{e_1}^2}{F^2}E^2\cos^2\psi - 2x_{e_1}y_{e_1}\sin\psi\cos\psi = 0$$

移项得：

$$2x_{e_1}y_{e_1}\sin\psi\cos\psi = \frac{x_{e_1}^2}{E^2}F^2\sin^2\psi + \frac{y_{e_1}^2}{F^2}E^2\cos^2\psi$$

将上式代入公式（6-19），得：

$$\begin{aligned}
\overline{OD}^2 &= x_{e_1}^2\cos^2\psi + y_{e_1}^2\sin^2\psi + \frac{x_{e_1}^2}{E^2}F^2\sin^2\psi + \frac{y_{e_1}^2}{F^2}E^2\cos^2\psi \\
&= \frac{x_{e_1}^2}{E^2}(E^2\cos^2\psi + F^2\sin^2\psi) + \frac{y_{e_1}^2}{F^2}(E^2\cos^2\psi + F^2\sin^2\psi) \\
&= \left(\frac{x_{e_1}^2}{E^2} + \frac{y_{e_1}^2}{F^2}\right)(E^2\cos^2\psi + F^2\sin^2\psi)
\end{aligned}$$

因 $T(x_{e_1}, y_{e_1})$ 是椭圆上的点，故其坐标满足方程：

$$\frac{x_{e_1}^2}{E^2} + \frac{y_{e_1}^2}{F^2} = 1$$

则：

$$\overline{OD}^2 = E^2\cos^2\psi + F^2\sin^2\psi \tag{6-20}$$

将公式（6-20）与公式（6-17）对比可知，$\overline{OD} = \sigma_\psi$，也就是说，$\overline{OD}$ 的长度就是位差 σ_ψ。这样，D 点的轨迹所形成的闭合曲线，便是误差曲线。

以上的证明，也间接地说明了利用误差椭圆求某点在任意方向 ψ 上的位差 σ_ψ 的方法：即在求 σ_ψ 时，只要在垂直于 ψ 方向上作椭圆的切线，则垂足与原点的连线长度就是 ψ 方向上的位差。

任务6.5　相对误差椭圆

在平面控制网中，有时不仅需要研究待定点相对于起始点的精度，而且还要了解任意两个待定点之间相对位置的精度情况。两个待定点之间相对位置的精度，可以用两个待定点之间边长的相对中误差及方位角中误差或相对点位误差来衡量。前面我们讨论了可以给每一个待定点做出一个点位误差曲线，且利用这些曲线图求定所需要的某些量的中误差的方法。但却不能利用这些待定点上的误差曲线来确定待定点与待定点之间的某些精度指标。这是因为待定点的坐标是相关的。所以为了确定任意两个待定点之间相对位置的某些精度，就需要进一步做出两待定点之间的相对误差椭圆。

设有两个待定点为 P_i 和 P_k，其坐标平差值的协因数为：

$$\begin{bmatrix} Q_{x_ix_i} & Q_{x_iy_i} & Q_{x_ix_k} & Q_{x_iy_k} \\ Q_{y_ix_i} & Q_{y_iy_i} & Q_{y_ix_k} & Q_{y_iy_k} \\ Q_{x_kx_i} & Q_{x_ky_i} & Q_{x_kx_k} & Q_{x_ky_k} \\ Q_{y_kx_i} & Q_{y_ky_i} & Q_{y_kx_k} & Q_{y_ky_k} \end{bmatrix}$$

两待定点平差以后的相对位置可通过坐标差来表示，即：

$$\Delta x_{ik} = x_k - x_i, \Delta y_{ik} = y_k - y_i$$

其矩阵表达式为：

$$\begin{bmatrix} \Delta x_{ik} \\ \Delta y_{ik} \end{bmatrix} = \begin{bmatrix} -1 & 0 & 1 & 0 \\ 0 & -1 & 0 & 1 \end{bmatrix} \begin{bmatrix} x_i \\ y_i \\ x_k \\ y_k \end{bmatrix} \tag{6-21}$$

根据协因数传播律得：

$$\left. \begin{aligned} Q_{\Delta x \Delta x} &= Q_{x_ix_i} + Q_{x_kx_k} - 2Q_{x_ix_k} \\ Q_{\Delta y \Delta y} &= Q_{y_iy_i} + Q_{y_ky_k} - 2Q_{y_iy_k} \\ Q_{\Delta x \Delta y} &= Q_{x_iy_i} + Q_{x_ky_k} - Q_{x_iy_k} - Q_{x_ky_i} \end{aligned} \right\} \tag{6-22}$$

利用这些协因数，根据公式（6-11）和公式（6-14），就可得计算 P_i 和 P_k 点间相对误差椭圆元素的 3 个公式为：

$$\left. \begin{aligned} \tan 2\varphi_0 &= \frac{2Q_{\Delta x \Delta y}}{Q_{\Delta x \Delta x} - Q_{\Delta y \Delta y}} \\ E^2 &= \frac{1}{2}\sigma_0^2 \left\{ Q_{\Delta x \Delta x} + Q_{\Delta y \Delta y} + \sqrt{(Q_{\Delta x \Delta x} - Q_{\Delta y \Delta y})^2 + 4Q_{\Delta x \Delta y}} \right\} \\ F^2 &= \frac{1}{2}\sigma_0^2 \left\{ Q_{\Delta x \Delta x} + Q_{\Delta y \Delta y} - \sqrt{(Q_{\Delta x \Delta x} - Q_{\Delta y \Delta y})^2 + 4Q_{\Delta x \Delta y}} \right\} \end{aligned} \right\} \tag{6-23}$$

在计算出相对误差椭圆元素以后，便可用绘制误差椭圆的方法画出相对误差椭圆。只是误差椭圆是以待定点为中心绘制的；而相对误差椭圆则通常以两待定点连线的中点为中心。根据相对误差椭圆便可图解出所需要的任意方向上的相对位差大小。

例 6-4 在如图 6-12 所示的测角网中，A、B、C 为已知点，平差后求得待定点 P_1、P_2 的近似坐标，单位权中误差为 $\sigma_0 = \pm 1.3''$，未知数的协因数阵为：

$$\begin{bmatrix} 0.0121 & 0.0044 & 0.0023 & 0.0025 \\ 0.0044 & 0.0161 & 0.0024 & 0.0032 \\ 0.0023 & 0.0024 & 0.0117 & 0.0041 \\ 0.0025 & 0.0032 & 0.0041 & 0.0169 \end{bmatrix} \left(\frac{\text{dm}^2}{\text{s}^2} \right)$$

试做出 P_1、P_2 点的误差椭圆及相对误差椭圆。并

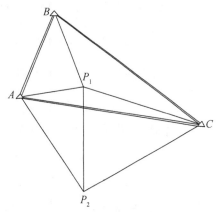

图 6-12 测角图

求 P_1P_2 边的相对中误差及坐标方位角的中误差。

解：

①计算 P_1 点的误差椭圆元素。

由于：

$$\tan2\varphi_0 = \frac{2Q_{x_1y_1}}{Q_{x_1x_1} - Q_{y_1y_1}} = \frac{2 \times 0.0044}{0.0121 - 0.0161} = -2.2$$

得：

$$2\varphi_{E_1} = 114°26'38''或294°26'38''$$

由于 $Q_{x_1y_1} > 0$，所以极大值为 $\varphi_{E_1} = 57°13'19''或237°13'19''$。

$$E_1 = \sigma_0 \sqrt{\frac{1}{2}\{(Q_{x_1x_1} + Q_{y_1y_1}) + \sqrt{(Q_{x_1x_1} - Q_{y_1y_1})^2 + 4Q_{x_1y_1}^2}\}}$$

$$= \pm1.3\sqrt{\frac{1}{2}\{(0.0121 + 0.0161) + \sqrt{(0.0121 - 0.0161)^2 + 4 \times 0.0044^2}\}}$$

$$= \pm\sqrt{0.0320} = \pm0.18\text{dm}$$

$$F_1 = \sigma_0 \sqrt{\frac{1}{2}\{(Q_{x_1x_1} + Q_{y_1y_1}) - \sqrt{(Q_{x_1x_1} - Q_{y_1y_1})^2 + 4Q_{x_1y_1}^2}\}}$$

$$= \pm1.3\sqrt{\frac{1}{2}\{(0.0121 + 0.0161) - \sqrt{(0.0121 - 0.0161)^2 + 4 \times 0.0044^2}\}}$$

$$= \pm\sqrt{0.0157} = \pm0.13\text{dm}$$

②计算 P_2 点的误差椭圆元素。

$$\tan2\varphi_0 = \frac{2Q_{x_2y_2}}{Q_{x_2x_2} - Q_{y_2y_2}} = \frac{2 \times 0.0041}{0.0117 - 0.0169} = -1.5769$$

$$\varphi_{E_2} = 118°09'18''$$

得：

$$2\varphi_{E_2} = 302°22'25''或122°22'25''$$

由于 $Q_{x_2y_2} > 0$，所以极大值为 $\varphi_{E_2} = 61°11'26''或241°11'26''$。

$$E_2 = \pm1.3\sqrt{\frac{1}{2}\{(0.0117 + 0.0169) + \sqrt{(0.0117 - 0.0169)^2 + 4 \times 0.0041^2}\}}$$

$$= \pm\sqrt{0.0324} \pm0.18\text{dm}$$

$$F_2 = \pm1.3\sqrt{\frac{1}{2}\{(0.0117 + 0.0169) - \sqrt{(0.0117 - 0.0169)^2 + 4 \times 0.0041^2}\}}$$

$$= \pm\sqrt{0.0160} \pm0.13\text{dm}$$

③计算 P_1 与 P_2 的相对误差椭圆元素。

$$Q_{\Delta x \Delta x} = Q_{x_1x_1} + Q_{x_2x_2} - 2Q_{x_1x_2} = 0.0121 + 0.0117 - 2 \times 0.0023 = 0.0192$$

$$Q_{\Delta y \Delta y} = Q_{y_1y_1} + Q_{y_2y_2} - 2Q_{y_1y_2} = 0.0161 + 0.0169 - 2 \times 0.0032 = 0.0266$$

$$Q_{\Delta x \Delta y} = Q_{x_1y_1} + Q_{x_2y_2} - Q_{x_1y_2} - Q_{x_2y_1}$$

$$= 0.0044 + 0.0041 - 0.0025 - 0.0024 = 0.0036$$

$$\begin{bmatrix} Q_{\Delta x\Delta x} & Q_{\Delta x\Delta y} \\ Q_{\Delta y\Delta x} & Q_{\Delta y\Delta y} \end{bmatrix} = \begin{bmatrix} 0.0192 & 0.0036 \\ 0.0036 & 0.0266 \end{bmatrix}$$

$$\tan 2\varphi_0 = \frac{2Q_{\Delta x\Delta y}}{Q_{\Delta x\Delta x} - Q_{\Delta y\Delta y}} = \frac{2 \times 0.0036}{0.0192 - 0.0266} = -0.9730$$

得：

$$2\varphi_{E_{12}} = 135°47'05'' \text{或} 315°47'05''$$

由于 $Q_{\Delta x\Delta y} > 0$，所以极大值为 $\varphi_{E_{12}} = 67°53'33''$ 或 $247°53'33''$。

$$E_{12} = \sigma_0 \sqrt{\frac{1}{2}\{(Q_{\Delta x\Delta x} + Q_{\Delta y\Delta y}) + \sqrt{(Q_{\Delta x\Delta x} - Q_{\Delta y\Delta y})^2 + 4Q_{\Delta x\Delta y}^2}\}}$$

$$= \pm 1.3 \sqrt{\frac{1}{2}\{(0.0192 + 0.0266) + \sqrt{(0.0192 - 0.0266)^2 + 4 \times (0.0036)^2}\}}$$

$$= \pm \sqrt{0.0474} = \pm 0.22\text{dm}$$

$$F_{12} = \sigma_0 \sqrt{\frac{1}{2}\{(Q_{\Delta x\Delta x} + Q_{\Delta y\Delta y}) - \sqrt{(Q_{\Delta x\Delta x} - Q_{\Delta y\Delta y})^2 + 4Q_{\Delta x\Delta y}^2}\}}$$

$$= \pm 1.3 \sqrt{\frac{1}{2}\{(0.0192 + 0.0266) - \sqrt{(0.0192 - 0.0266)^2 + 4 \times (0.0036)^2}\}}$$

$$= \pm \sqrt{0.0300} = \pm 0.17\text{dm}$$

④绘制误差椭圆和相对误差椭圆。

根据已知点坐标和待定点 P_1、P_2 的坐标平差值，按照一定比例尺展会在图上，再分别在 P_1、P_2 点及 P_1P_2 连线上作误差椭圆。

以 1:2 万的比例尺，先将已知点和待定点展在图纸上。然后以 1:10 的比例尺，在定点上画误差椭圆，在待定点连线的中点上绘相对误差椭圆。如图 6-13 所示。

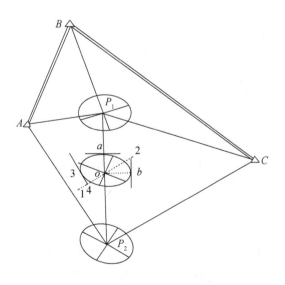

图 6-13　P_1、P_2 点的误差椭圆及相对误差椭圆

⑤求 P_1P_2 边的相对中误差及方位角中误差。

首先计算 P_1P_2 方向的纵向和横向误差。由 P_1、P_2 点的近似坐标计算出方位角为 $\alpha_{P_1P_2} = 174°38'16''$，可以把 P_1P_2 的方位角在以极值方向为坐标系中的角值 $\psi_{P_1P_2} = \alpha_{P_1P_2} - \varphi_{E_{12}} = 106°44'43''$ 代入下式：

$$\sigma_\psi^2 = E_{12}^2 \cos^2\psi + F_{12}^2 \sin^2\psi$$

算得其纵向误差：

$$\sigma_S = \sigma_\psi = \pm\sqrt{0.03144} = 0.18\,\mathrm{dm}$$

P_1P_2 边的边长相对中误差为：

$$\frac{\sigma_S}{S_{P_1P_2}} = \frac{0.18}{103\,862} = \frac{1}{577\,011}$$

其横向误差也可把 $\psi + 90°$ 代入上式，得：

$$\sigma_u = \sigma_{\psi+90°} = \pm\sqrt{0.0460} = 0.21\,\mathrm{dm}$$

P_1P_2 边的方位角中误差为：

$$\sigma_{\alpha_{P_1P_2}} = \rho'' \frac{\sigma_u}{S_{P_1P_2}} = 0.42''$$

P_1P_2 方向的相对纵向误差 σ_S 和横向误差 σ_u 也可以在相对误差椭圆上图解出来。σ_S 就是 P_1P_2 连线方向上的位差。如图 6-13 所示，相对误差椭圆上作垂直于 $\overline{P_1P_2}$ 的椭圆的切线，交 $\overline{P_1P_2}$ 于 a 点，量得 $\sigma_S = \overline{oa}$。同样，在相对误差椭圆上作平行于 $\overline{P_1P_2}$ 的椭圆的切线，与过 O 点且垂直于 $\overline{P_1P_2}$ 的射线交于 b 点，则可量得 $\sigma_u = \overline{ob}$。

习　题

1. 何谓点位真误差、点位误差？

2. 何谓纵向误差、横向误差？

3. 简述绝对误差椭圆与相对误差椭圆的区别与联系。

4. 某一控制网只有一个待定点，设待定点的坐标为未知数，进行间接平差，其法方程为：$\begin{bmatrix} 1.287 & 0.411 \\ 0.411 & 1.762 \end{bmatrix}\begin{bmatrix} x \\ y \end{bmatrix} + \begin{bmatrix} 0.534 \\ -0.394 \end{bmatrix} = 0$（系数阵的单位是 $\frac{\mathrm{s}^2}{\mathrm{dm}^2}$），且已知 $l^T Pl = 4''$。试求出待定点误差椭圆的 3 个参数，并绘制出误差椭圆，用图解法和计算法求出待定点的点位中误差。

5. 设某三角网中有一个待定点 P 点，并设其坐标为未知参数，经平差后求得单位权中误差 $\hat{\sigma}_0^2 = 1\mathrm{s}^2$，$Q_{\hat{X}\hat{X}} = \begin{bmatrix} 1.5 & 0.2 \\ 0.2 & 1.5 \end{bmatrix}$（系数阵的单位是 $\frac{\mathrm{s}^2}{\mathrm{dm}^2}$），试求：

①P 点位差的极值方向 φ_E 和 φ_F；

②位差的极大值 E 与极小值 F，以及 P 点的点位方差。

③若算出过 P 点的 PM 方向的方位角 $\hat{\alpha}_{PM} = 30°$，且已知 $S_{PM} = 3.150\mathrm{km}$，求 PM 方向上的点位误差，以及 PM 边的边长相对中误差 $\frac{\sigma_{PM}}{S_{PM}}$ 及方位角中误差 $\sigma_{\alpha_{PM}}$。

6. 如图 6-14 所示，P_1、P_2 两点间为一山头，某条铁路专用线在此经过，要在 P_1、P_2 两点间开掘隧道，要求在贯通方向和重要方向上的误差不超过 ±0.5m 和 ±0.25m。根据实地勘察，在地形图上设计的专用贯通测量控制网，A、B 为已知点，P_1、P_2 为待定点，根据原有测量资料知 A、B 两点的坐标，以及在地形图上根据原有测量资料坐标格网量的 P_1、P_2 两点的近似坐标如表 6-1 所示，设计按三等控制网要求进行观测所有的 9 个角度。试估算设计的控制网能否达到要求，并绘制出两点的点位误差椭圆和相对误差椭圆。

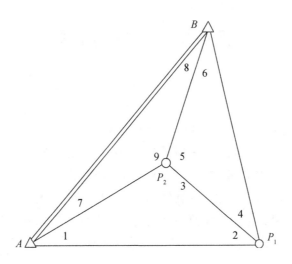

图 6-14　贯通测量控制网

表 6-1　控制网各点（近似）坐标表　　　　　　　　　单位：m

点名	A	B	P_1	P_2
x	8986.687	13 737.375	6642.27	10 122.12
y	5705.036	10 507.928	14 711.75	10 312.47

项目七　常用测量平差软件应用

任务7.1　平差易系统

7.1.1　系统简介

平差易（Power Adjust 2005，简称 PA2005）是南方测绘公司在 Windows 系统下用 VC 开发的控制测量数据处理软件。该软件采用了 Windows 风格的数据输入技术和多种数据接口技术（南方系列产品接口、其他软件文件接口），同时辅以网图动态显示，实现了从数据采集、数据处理和成果打印的一体化。该软件成果输出功能丰富强大、多种多样，平差报告完整、详细，报告内容也可根据用户需要自行定制，另有详细的精度统计和网形分析信息等。该软件界面友好、功能强大、操作简便，是控制测量理想的数据处理软件之一。

7.1.2　系统功能菜单

启动平差易的执行程序，即可进入平差易的主界面。主界面中包括测站信息区、观测信息区、图形显示区及顶部下拉菜单和工具条。PA2005 的操作界面主要分为顶部下拉菜单和工具条两部分，如图 7-1 所示。

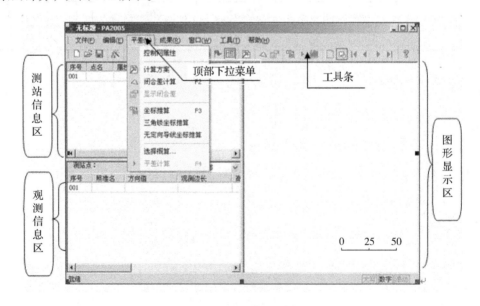

图7-1　PA2005 主界面

平差易的系统功能菜单与 Windows 系统下应用软件的菜单基本相似，所有 PA2005 的功能都包含在顶部的下拉菜单中，可以通过操作下拉菜单来完成平差计算的所有工作，如文件读入和保存、平差计算、成果输出等。下面对各功能菜单及工具条进行简单介绍。

①文件菜单包含文件的新建、打开、保存、导入、平差向导和打印等，如图 7-2 所示。

②编辑菜单包括查找记录、删除记录，如图 7-3 所示。

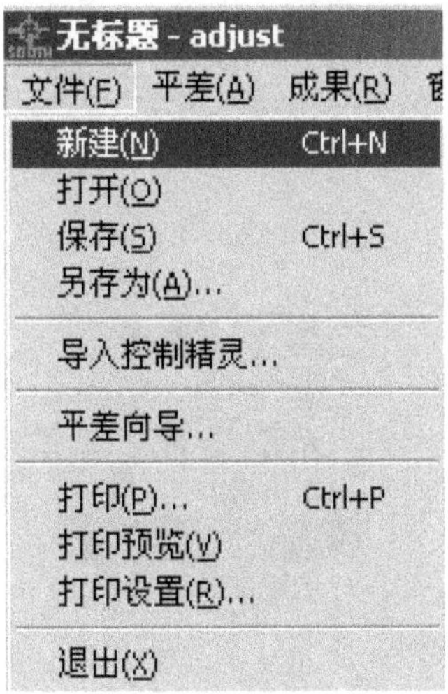

图 7-2　文件菜单

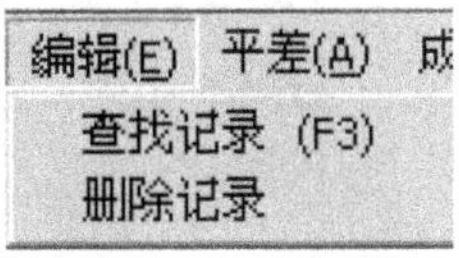

图 7-3　编辑菜单

③平差菜单包括控制网属性、计算方案、闭合差计算、坐标推算、选择概算和平差计算等，如图 7-4 所示。

④成果菜单：包括精度统计、网形分析、CASS 输出、WORD 输出、平差略图输出和闭合差输出等，当没有平差结果时该对话框为灰色。如图 7-5 所示。

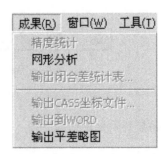

图 7-4　平差菜单

图 7-5　成果菜单

⑤窗口菜单包括平差报告、网图显示、报表显示比例、报表设置、网图设置等，如图 7-6 所示。

⑥工具菜单包括坐标变换、解析交会、大地正反算、坐标反算等,如图7-7所示。

⑦工具条:下拉菜单中的常用功能都汇集于工具条,有保存、打印、视图显示、平差和查看平差报告等功能。

常规工具条如图7-8所示。从左到右分别为:新建、打开、保存、剪切、复制、粘贴、打印、关于。

图形操作工具条如图7-9所示。从左到右分别为:放大、缩小、移动、窗选放大、显示网图、控制点标记、全屏显示。

图7-6 窗口菜单

图7-7 工具菜单

图7-8 常规工具条

图7-9 图形操作工具条

其他工具条如图7-10所示。从左到右分别为:计算方案、闭合差计算、显示闭合差、坐标概算、平差计算、精度统计、平差报告、平差略图、转到第一页、前一页、下一页、转到最后一页。

图7-10 其他工具条

7.1.3 平差易控制网平差计算流程

(1)平差易控制网数据处理过程

使用平差易做控制网平差计算,其操作步骤如下:

①控制网数据录入;

②坐标推算;

③坐标概算;

④选择计算方案；

⑤闭合差计算与检核；

⑥平差计算；

⑦平差报告的生成和输出。

作业流程如图 7-11 所示。

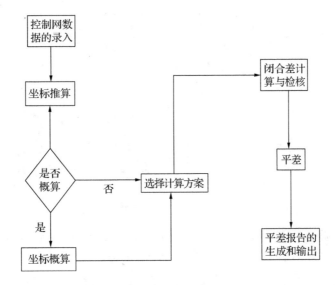

图 7-11　作业流程

（2）向导式平差

PA2005 提供了向导式平差，根据向导的中文提示点击相应的信息即可完成全部的操作。注意：本平差向导只适用于对已经编辑好的平差数据文件进行平差。

我们以"边角网 . txt"文件为例，来说明向导式平差操作过程。

1）进入平差向导

首先启动"南方平差易 2005"，然后用鼠标点击下拉菜单"文件"—"平差向导"，如图 7-12 所示。

图 7-12　平差向导

2）选择平差数据文件

点击"下一步"进入平差数据文件的选择页面，如图7–13所示。

点击"浏览"来选择要平差的数据文件。

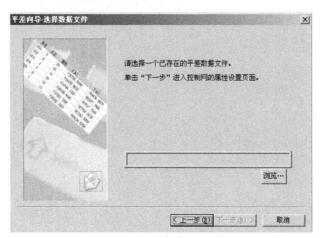

图7–13　选择平差数据

所选择的对象必须是已经编辑好的平差数据文件，如PA2005的Demo文件夹中"BJW4（边角网4）"文件，如图7–14所示。对于数据文件的建立，PA2005提供了两种方式：一是启动系统后，在指定表格中手工输入数据，然后点击"文件"—"保存"生成数据文件；二是依照中的文件格式，在Windows的"记事本"里手工编辑生成。

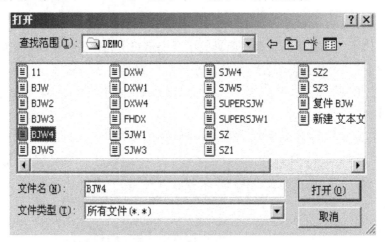

图7–14　打开数据文件

点击"打开"即可调入该数据文件，如图7–15所示。

3）控制网属性设置

调入平差数据后，点击"下一步"即可进入控制网属性设置界面，如图7–16所示。该功能将自动调入平差数据文件中控制网的设置参数，如果数据文件中没有设置参数则此对话框为空，同时也可对控制网属性进行添加和修改，向导处理完后，该属性将自动保存在平差

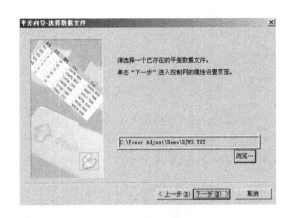
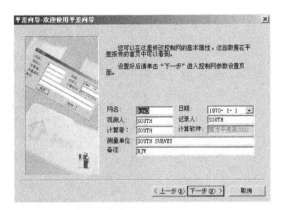

图 7-15　调入平差数据文件　　　　　　　图 7-16　控制网属性设置

数据文件中。

点击"下一步"进入计算方案的设置界面。

4）设置计算方案

设置平差计算的一系列参数，包括验前单位权中误差、测距仪固定误差、测距仪比例误差等，如图 7-17 所示。该向导将自动调入平差数据文件中计算方案的设置参数，如果数据文件中没有该参数，则此对话框为默认参数（2.5、5、5），同时也可对该参数进行编辑和修改。向导处理完后该参数将自动保存在平差数据文件中。

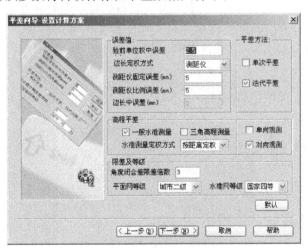

图 7-17　计算方案设置

点击"下一步"进入坐标概算界面。

5）选择概算

概算是对观测值的改化，包括边长、方向和高程的改正等。当需要概算时，就在"概算"前打"√"，然后选择需要概算的内容，如图 7-18 所示。

点击"完成"，则整个向导的数据处理完毕。随后会回到南方平差易 2005 的界面，在此界面中就可查看该数据的平差报告及打印和输出。

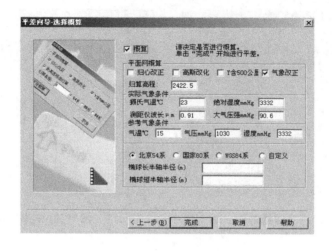

图 7-18　选择概算

7.1.4　平差易平差的数据文件组织

平差易平差数据的录入分数据文件读入和直接键入两种。

（1）平差易平差数据文件的编辑

平差易软件有其自己的专用平差数据格式，为此，在采用打开方式或向导平差方法进行平差时，必须完成其观测值数据文件的编辑工作。其文件格式是 txt，为纯文本文件，可以用记事本打开并编辑。

文件格式具体如下。

［NET］：文件头，保存控制网属性。

Name：控制网名；

Organ：单位名称；

Obser：观测者；

Computer：计算者；

Recorder：记录者；

Remark：备注；

Software：南方平差易 2005，计算软件。

［PARA］：文件头，保存控制网基本参数。

MO：验前单位权中误差；

MS：测距仪固定误差；

MR：测距仪比例误差；

DistanceError：边长中误差；

DistanceMethod：边长定权方式；

LevelMethod：水准定权方式；

Mothed：平差方法（0 表示单次平差，1 表示迭代平差）；

LevelTrigon：水准测量或三角高程测量；

TrigonObser：单向或对向观测；

Times：平差次数；

Level：平面网等级；

Level1：水准网等级；

Limit：限差倍数；

Format：格式（如：1 表示全部；2 表示边角等）。

［STATION］：文件头，保存测站点数据。

测站点名，点属性，X、Y、H，偏心距，偏心角。

［OBSER］：文件头，保存观测数据。

照准点，方向值，观测边长，高差，斜距，垂直角，偏心距，偏心角，零方向值。

注意：［STATION］中的点属性表示控制点的属性，00 表示高程、坐标都未知的点，01 表示高程已知、坐标未知的点，10 表示坐标已知、高程未知的点，11 表示高程坐标都已知的点。

在输入测站点数据和观测数据中，中间空的数据用"，"分隔，在最后一个数据后面可以省略"，"。例如，观测数据"A，100，1.023"，表示照准点是 A 点，观测边长为 100m，观测高差为 1.023m。可以看出，观测高差后的其余观测数据省略，而方向值用"，"分隔。

按此格式完整编辑好的数据文件，读入 PA2005 后，即可直接进行平差。用户也可不编辑［NET］和［PARA］的内容，只编辑［STATION］和［OBSER］的内容，将数据读入 PA2005 中后，在 PA2005 中进行诸如网名、平差次数等参数的设置，设置完后再进行平差计算。

（2）平差易控制网平差数据的手工输入

PA2005 为手工数据键入提供了一个电子表格，以"测站"为基本单元进行操作，键入过程中，PA2005 将自动推算其近似坐标和绘制网图，如图 7-19 所示。

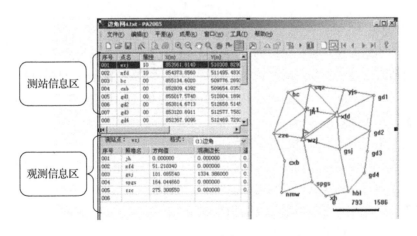

图 7-19　电子表格输入 1

下面介绍如何在电子表格中输入数据。首先，在测站信息区中输入已知点信息（点名、属性、坐标）和测站点信息（点名）；然后，在观测信息区中输入每个测站点的观测信息，如图 7-20 所示。

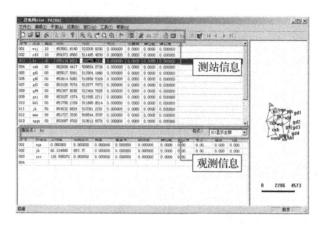

图 7-20 电子表格输入 2

1）测站信息数据的录入

①序号：指已输测站点个数，它会自动叠加。

②点名：指已知点或测站点的名称。

③属性：用以区别已知点与未知点。00 表示该点是未知点，10 表示该点是有平面坐标而无高程的已知点，01 表示该点是无平面坐标而有高程的已知点，11 表示该已知点既有平面坐标又有高程。

④X、Y、H：分别指该点的纵、横坐标及高程（X：纵坐标，Y：横坐标）。

⑤仪器高：指该测站点的仪器高度，它只有在三角高程的计算中才使用。

⑥偏心距、偏心角：指该点测站偏心时的偏心距和偏心角。（不需要偏心改正时则可不输入数值）

2）观测信息录入

观测信息与测站信息是相互对应的，当某测站点被选中时，观测信息区中就会显示当该点为测站点时所有的观测数据。故当输入了测站点时，需要在观测信息区的电子表格中输入其观测数值。第一个照准点即为定向，其方向值必须为 0，而且定向点必须是唯一的。

①照准名：指照准点的名称。

②方向值：指观测照准点时的方向观测值。

③观测边长：指测站点到照准点之间的平距。（在观测边长中只能输入平距）

④高差：指测站点到观测点之间的高差。

⑤垂直角：指以水平方向为零度时的仰角或俯角。

⑥站标高：指测站点观测照准点时的棱镜高度。

⑦偏心距、偏心角、零方向角：指该点照准偏心时的偏心距和偏心角。（不需要偏心改正时则可不输入数值）

⑧温度：指测站点观测照准点时的当地实际温度。

⑨气压：指测站点观测照准点时的当地实际气压。（温度和气压只参入概算中的气象改正计算）

（3）平差数据输入方法实例

1）导线数据输入实例

在如图 7-21 所示的附合导线中，A、B、C 和 D 是已知坐标点，2、3 和 4 是待测的控制点。原始测量数据如表 7-1 所示。

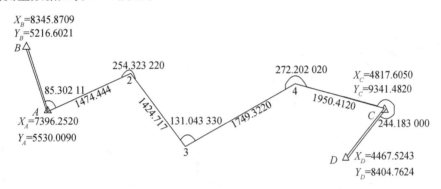

图 7-21　导线

表 7-1　导线原始数据

测站点	角度（°）	距离（m）	X（m）	Y（m）
B	—	—	8345.8709	5216.6021
A	85.302 11	1474.4440	7396.2520	5530.0090
2	254.323 22	1424.7170	—	—
3	131.043 33	1749.3220	—	—
4	272.202 02	1950.4120	—	—
C	244.183 00	—	4817.6050	9341.4820
D	—	—	4467.5243	8404.7624

在平差易软件中输入以上数据，如图 7-22 所示。

在测站信息区中输入 A、B、C、D、2、3 和 4 号测站点，其中 A、B、C、D 为已知坐标点，其属性为 10，其坐标见表 7-1；2、3、4 点为待测点，其属性为 00，其他信息为空。如果要考虑温度、气压对边长的影响，就需要在观测信息区中输入每条边的实际温度、气压值，然后通过概算来进行改正。

根据控制网的类型选择数据输入格式。此控制网为边角网，则选择边角格式，图 7-23 所示。

在观测信息区中输入每一个测站点的观测信息，为了节省空间只截取观测信息的部分表格示意图，如图 7-24 所示。

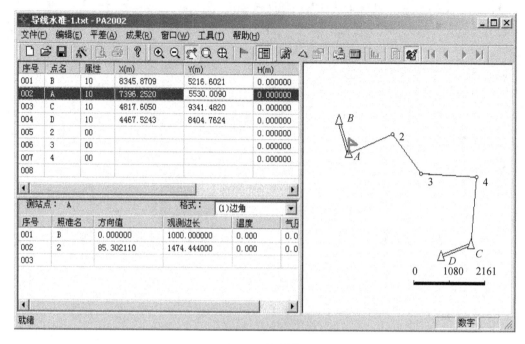

图7-22　数据输入

图7-23　选择格式

B、D作为定向点，没有设站，所以无观测信息，但在测站信息区中必须输入它们的坐标。

以A为测站点，以B为定向点时（定向点的方向值必须为0），照准2号点的数据输入如图7-24所示。

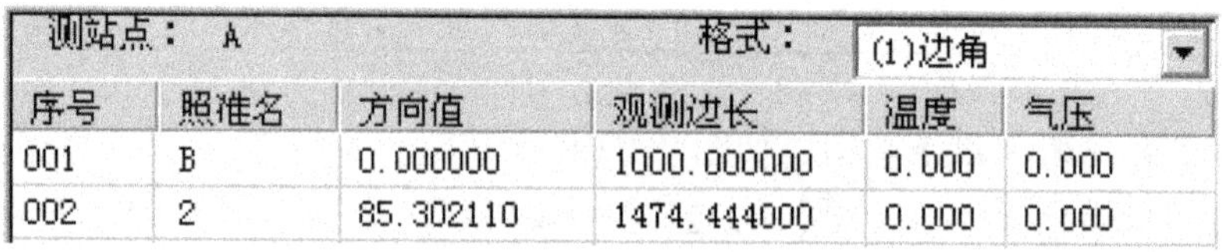

测站点：	A			格式：	(1)边角	
序号	照准名	方向值	观测边长	温度	气压
001	B	0.000000	1000.000000	0.000	0.000
002	2	85.302110	1474.444000	0.000	0.000

图7-24　测站A的观测信息

以C为测站点，以4号点为定向点时，照准D点的数据输入如图7-25所示。

以2号点为测站点，以A为定向点时，照准3号点的数据输入，如图7-26所示。

以3号点为测站点，以2号点为定向点时，照准4号点的数据输入如图7-27所示。

以4号点为测站点，以3号点为定向点时，照准C点的数据输入如图7-28所示。

图 7-25　测站 *C* 的观测信息

图 7-26　测站 **2** 的观测信息

图 7-27　测站 **3** 的观测信息

图 7-28　测站 **4** 的观测信息

说明：

①数据为空或前面已输入过时，可以不输入（对向观测例外）。

②在电子表格中输入数据时，所有零值可以省略不输。

以上数据输入完后，点击菜单"文件"—"另存为"，将输入的数据保存为平差易数据格式文件：

［STATION］（测站信息）

B，10，8345.870900，5216.602100

A，10，7396.252000，5530.009000

C，10，4817.605000，9341.482000

D，10，4467.524300，8404.762400

2，00

3，00

4，00

［OBSER］（观测信息）

A，B，，1000.0000

A，2，85.302110，1474.4440

C，4

C，D，244.183000，1000.0000

2，A

2，3，254.323220，1424.7170

3，2

3，4，131.043330，1749.3220

4，3

4，C，272.202020，1950.4120

上面［STATION］（测站点）是测站信息区中的数据，［OBSER］（照准点）是观测信息区中的数据。

2）水准数据输入实例

在如图 7-29 所示的附合水准路线中，*A* 和 *B* 是已知高程点，2、3 和 4 是待测的高程点，*h* 为高差。原始测量数据如表 7-2 所示。

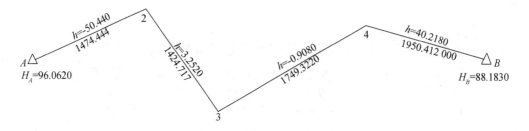

图 7-29　水准路线（模拟）

表 7-2　水准路线原始数据

单位：m

测站点	高差	距离	高程
A	-50.440	1474.4440	96.0620
2	3.252	1424.7170	—
3	-0.908	1749.3220	—
4	40.218	1950.4120	—
B	—	—	88.1830

在平差易中输入以上数据，如图 7-30 所示。

导线水准-2.txt - PA2002
文件(F) 编辑(E) 平差(A) 成果(R) 窗口(W) 工具(T) 帮助(H)
序号 点名 属性 X(m) Y(m) H(m) 仪器高 偏心距
001 A 01 96.062000
002 B 01 88.183000
003 2 00
004 3 00
005 4 00
006
测站点： A
格式： (4)水准
序号 照准名 观测边长 高差
001 2 1474.444000 -50.440000
002
B
0 1547 3094
就绪
数字

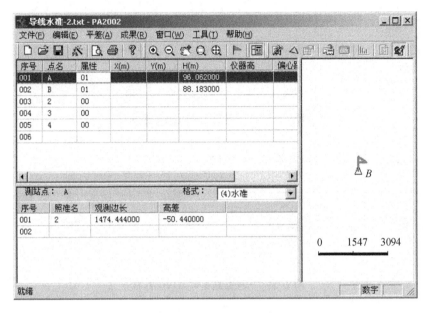

图 7-30　水准数据输入

在测站信息区中输入 *A*、*B*、2、3 和 4 号测站点，其中 *A*、*B* 为已知高程点，其属性为 01，其高程见表 7 -2；2、3、4 点为待测高程点，其属性为 00，其他信息为空。因为没有平面坐标数据，故在平差易软件中没有网图显示。

根据控制网的类型选择数据输入格式，此控制网为水准网，选择水准格式，如图 7-31 所示。

测站点： A
格式： (4)水准

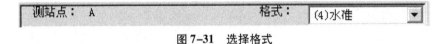

图 7-31　选择格式

注意：

①在“计算方案”中要选择“一般水准”，而不是“三角高程”。

“一般水准”所需要输入的观测数据为观测边长和高差。

“三角高程”所需要输入的观测数据为观测边长、垂直角、站标高、仪器高。

②如果在一般水准的观测数据中输入了测段高差，就必须要输入相对应的观测边长，否则平差计算时该测段的权为零，因此会导致计算结果错误。

在观测信息区中输入每一组水准观测数据。

测段 A 点至 2 号点的观测数据输入（观测边长为平距）如图 7-32 所示。

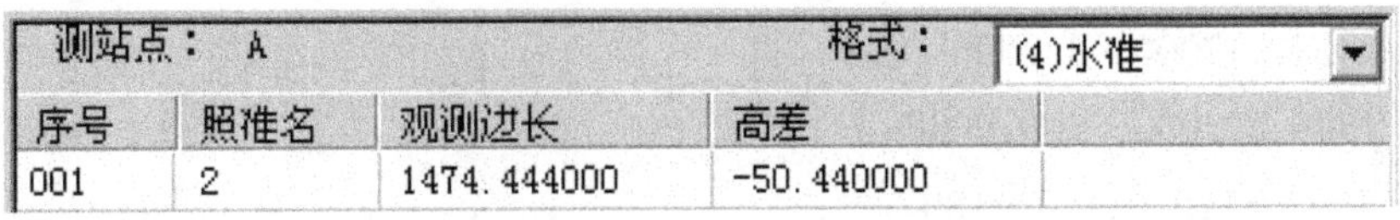

测站点： A
格式： (4)水准
序号 照准名 观测边长 高差
001 2 1474.444000 -50.440000

图 7-32　A 点至 2 号点观测数据

测段 2 号点至 3 号点的观测数据输入如图 7–33 所示。

测站点： 2				格式：	(4)水准 ▼
序号	照准名	观测边长	高差		
001	3	1424.717000	3.252000		

图 7–33　2 号点至 3 号点观测数据

测段 3 号点至 4 号点的观测数据输入如图 7–34 所示。

测站点： 3				格式：	(4)水准 ▼
序号	照准名	观测边长	高差		
001	4	1749.322000	-0.908000		

图 7–34　3 号点至 4 号点观测数据

测段 4 号点至 B 点的观测数据输入如图 7–35 所示。

测站点： 4				格式：	(4)水准 ▼
序号	照准名	观测边长	高差		
001	B	1950.412000	40.218000		

图 7–35　4 号点至 B 点观测数据

以上数据输入完后，点击菜单"文件"—"另存为"，将输入的数据保存为平差易数据格式文件：

［STATION］

A，01,,，96.062000

B，01,,，88.183000

2，00

3，00

4，00

［OBSER］

A，2,,，1474.444000，-50.4400

2，3,,，1424.717000，3.2520

3，4,,，1749.322000，-0.9080

4，B,,，1950.412000，40.2180

3）三角高程数据输入实例

在如图7-36所示的三角方程路线中，*A* 和 *B* 是已知高程点，2、3 和 4 是待测的高程点，*r* 为垂直角。原始测量数据如表7-3所示。

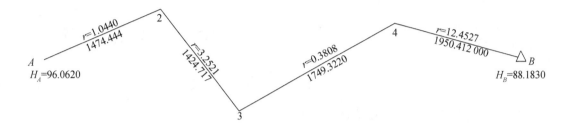

图7-36　三角高程路线图（模拟）

表7-3　三角高程原始数据

测站点	距离（m）	垂直角（°）	仪器高（m）	站标高（m）	高程（m）
A	1474.4440	1.0440	1.30	—	96.0620
2	1424.7170	3.2521	1.30	1.34	—
3	1749.3220	-0.3808	1.35	1.35	—
4	1950.4120	-2.4537	1.45	1.50	—
B	—	—	—	1.52	95.9716

在平差易中输入以上数据，如图7-37所示。

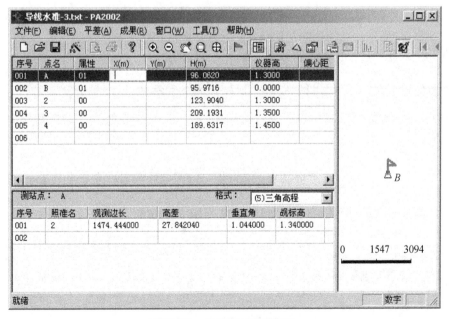

图7-37　三角高程数据输入

在测站信息区中输入 A、B、2、3 和 4 号测站点，其中 A、B 为已知高程点，其属性为01，其高程见表 7−3；2、3、4 为待测高程点，其属性为00，其他信息为空。因为没有平面坐标数据，故在平差易软件中也没有网图显示。

此控制网为三角高程，选择三角高程格式，如图 7−38 所示。

测站点：	4	格式：	(5)三角高程 ▼

图 7−38　选择格式

注意：在"计算方案"中要选择"三角高程"，而不是"一般水准"。

在观测信息区中输入每一个测站的三角高程观测数据。

测段 A 点至 2 号点的观测数据输入如图 7−39 所示。

测站点： A				格式：	(5)三角高程 ▼
序号	照准名	观测边长	高差	垂直角	觇标高
001	2	1474.444000	27.842040	1.044000	1.340000

图 7−39　A 点至 2 号点观测数据

测段 2 号点至 3 号点的观测数据输入如图 7−40 所示。

测站点： 2				格式：	(5)三角高程 ▼
序号	照准名	观测边长	高差	垂直角	觇标高
001	3	1424.717000	85.289093	3.252100	1.350000

图 7−40　2 号点至 3 号点观测数据

测段 3 号点至 4 号点的观测数据输入如图 7−41 所示。

测站点： 3				格式：	(5)三角高程 ▼
序号	照准名	观测边长	高差	垂直角	觇标高
001	4	1749.322000	-19.353448	-0.380800	1.500000

图 7−41　3 号点至 4 号点观测数据

测段 4 点至 B 点的观测数据输入如图 7−42 所示。

测站点： 4				格式：	(5)三角高程 ▼
序号	照准名	观测边长	高差	垂直角	觇标高
001	B	1950.412000	-93.760085	-2.452700	1.520000

图 7−42　4 号点至 B 点观测数据

以上数据输入完后，点击"文件"—"另存为"，将输入的数据保存为平差易格式文件：

［STATION］

A，01，，，96.062000，1.30

B，01，，，95.97160

2，00，，，，1.30

3，00，，，，1.35

4，00，，，，1.45

［OBSER］

A，2，，1474.444000，27.842040，，1.044000，1.340

2，3，，1424.717000，85.289093，，3.252100，1.350

3，4，，1749.322000，−19.353448，，−0.380800，1.500

4，B，，1950.412000，−93.760085，，−2.452700，1.520

平差易软件中也可进行导线水准和三角高程导线的平差计算，数据输入的方法与上述方法几乎一样，但要注意将控制网的类型格式选择为"（6）导线水准"或"（7）三角高程导线"。

7.1.5　平差易控制网平差实例

以"三角高程导线.txt"文件为例讲解平差操作过程。

（1）打开数据文件

点击菜单"文件"—"打开"，在"打开文件"对话框中找到"三角高程导线.txt"，如图7-43所示。

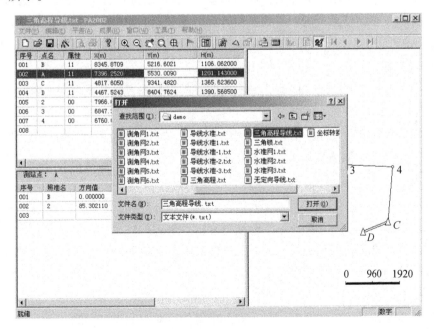

图7-43　打开文件

（2）近似坐标推算

根据已知条件（测站点信息和观测信息）推算出待测点的近似坐标，作为构成动态网图和导线平差的基础。

点击菜单"平差"—"推算坐标"，即可进行坐标的推算，如图7-44所示。

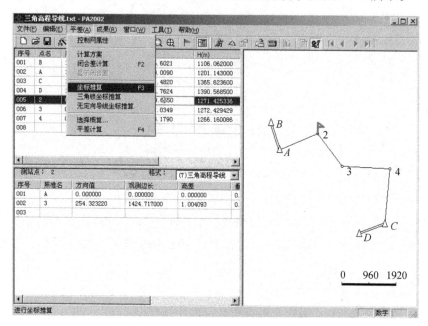

图7-44　坐标推算

注意：每次打开一个已有数据文件时，PA2005 会自动推算各个待测点的近似坐标，并把近似坐标显示在测站信息区内。当数据输入或修改原始数据时，则需要用此功能重新进行坐标推算。

（3）选择概算

主要对观测数据进行一系列的改化，根据实际的需要来选择其概算的内容并进行坐标的概算，如图7-45所示。

选择概算的项目有："归心改正"、"气象改正"、"方向改化"、"边长投影改正"、"边长高斯改化"、"边长加乘常数"和"Y 含 500 公里"。需要参入概算时就在项目前打"√"即可。

1）归心改正

归心改正根据归心元素对控制网中的相应方向进行归心计算。在平差易软件中只有在输入了测站偏心或照准偏心的偏心角和偏心距等信息时，才能够进行此项改正。如没有进行偏心测量，则概算时就不进行此项改正。

2）气象改正

气象改正就是改正测量时温度、气压和湿度等因素对测距边的影响。

注意：如果外业作业时已经对边长进行了气象改正或忽略气象条件对测距边的影响，那

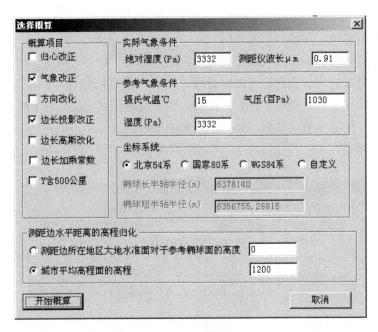

图 7-45　选择概算

么就不用选择此项改正。如果选择了气象改正就必须输入每条观测边的温度和气压值，否则将每条边的温度和气压分别当作零来处理。

3）方向改化

方向改化：将椭球面上方向值归算到高斯平面上。

4）边长投影改正

边长投影改正的方法有两种：一种为已知测距边所在地区大地水准面对于参考椭球面的高度而对测距边进行投影改正；另一种为将测距边投影到城市平均高程面的高程上。

5）边长高斯改化

边长高斯改化也有两种方法，它是根据"测距边水平距离的高程归化"的选择不同而不同。

6）边长加乘常数

利用测距仪的加乘常数对测边进行改正。

7）Y 含 500 公里

若 Y 坐标包含了 500 公里常数，则在高斯改化时，软件将 Y 坐标减去 500 公里后再进行相关的改化和平差。

8）坐标系统

北京 54 系（1954 年坐标系）；国家 80 系（1980 年坐标系）；WGS84 系（1984 年坐标系）。

概算结束后提示"是否保存概算结果？"点击"是"后，可将概算结果保存为 txt 文本。

（4）计算方案的选择

选择控制网的等级、参数和平差方法。

注意：对于同时包含了平面数据和高程数据的控制网，如三角网和三角高程网并存的控制网，一般处理过程应为：先进行平面网处理；然后在高程网处理时，PA2005 会使用已经较为准确的平面数据，如距离等，来处理高程数据。对精度要求很高的平面高程混合网，也可以在平面和高程处理间多次切换，迭代出精确的结果。

点击菜单"平差"—"平差方案"，即可进行参数的设置，图 7-46 所示。

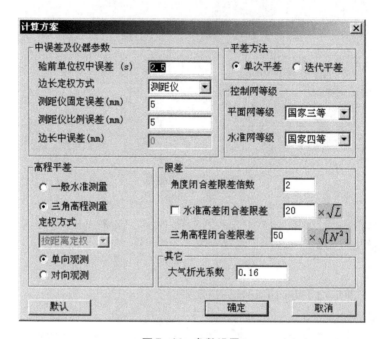

图 7-46　参数设置

1）控制网等级

PA2005 提供的平面控制网等级有：国家二等、三等、四等，城市一级、二级，图根及自定义。此等级与它的验前单位权中误差是一一对应的。

2）边长定权方式

包括测距仪、等精度观测和自定义。根据实际情况选择定权方式。

①测距仪定权：通过测距仪的固定误差和比例误差计算出边长的权。

测距仪固定误差和测距仪比例误是测距仪的检测常数，是根据测距仪的实际检测数值（单位为毫米）来输入的（此值不能为零或空）。

②等精度观测：各条边的观测精度相同，权也相同。

③自定义：自定义边长中误差。此中误差为整个网的边长中误差，它可以通过每条边的中误差来计算。

3）平差方法

①单次平差：进行一次普通平差，不进行粗差分析。

②迭代平差：不修改权而仅由新坐标修正误差方程。

4）高程平差

包括一般水准测量平差和三角高程测量平差。当选择水准测量时其定权方式有两种，即按距离定权和按测站数定权。

①按距离定权：按照测段的距离来定权。

②按测站定权：按照测段内的测站数（即设站数）来定权，在观测信息区的"观测边长"框中输入测站数。注意：软件中观测边长和测站数不能同时存在。

①单向观测：每一条边只测一次，一般只有直觇没有反觇。

②对向观测：每一条边都要往返测，既有直觇又有反觇。

单向观测和对向观测只在高程平差时有效。

5）限差

①角度闭合差限差倍数：闭合导线的闭合差容许超过限差（$M\sqrt{N}$）的最大倍数。

②水准高差闭合差限差：规范容许的最大水准高差闭合差。其计算公式为 $n \times \sqrt{L}$，其中 n 为可变的系数，L 为闭合路线总长，以千米为单位。如果在"水准高差闭合差限差"前打"√"，可输入一个高程固定值作为水准高差闭合差。

③三角高程闭合差限差：规范容许的最大三角高程闭合差。其计算公式为 $n \times \sqrt{[N^2]}$，其中 n 为可变的系数，N 为测段长，以千米为单位，$[N^2]$ 为测段距离平方和。

6）其他

大气折光系数：改正大气折光对三角高程的影响，其计算公式为 $\triangle H = \dfrac{1-K}{2R}S^2$，其中 K 为大气垂直折光系数（一般为 $0.10 \sim 0.14$），S 为两点之间的水平距离，R 为地球曲率半径。此项改正只对三角高程起作用。

（5）闭合差计算与检核

根据观测值和计算方案中的设定参数来计算控制网的闭合差和限差，从而检查控制网的角度闭合差或高差闭合差是否超限，同时检查分析观测粗差或误差。点击"平差"—"闭合差计算"，如图 7-47 所示。

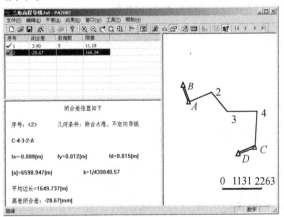

图 7-47　闭合差计算

　　左边的闭合差计算结果与右边的控制网图是动态相连的（右图中用黑色粗实线表示闭合导线或中点多边形），它将数和图有机地结合在一起，使计算更加直观，检测更加方便。

　　①闭合差：表示该导线或导线网的观测角度闭合差。

　　②权倒数：即导线测角的个数。

　　③限差：其值为权倒数开方×限差倍数×单位权中误差（平面网为测角中误差）。

　　对导线网，闭合差信息区包括 f_x、、f_y、f_d、K、最大边长、平均边长及角度闭合差等信息。若为无定向导线则无 f_x、、f_y、f_d、、K 等项。闭合导线中若边长或角度输入不全，也没有 f_x、f_y、f_d、K 等项。

　　在闭合差计算过程中"序号"前面的"！"表示该导线或网的闭合差超限，"√"表示该导线或网的闭合差合格，"X"则表示该导线没有闭合差。

　　注意：

　　闭合导线中没有 f_x、f_y、f_d、$[s]$、k 和平均边长的原因，为该闭合导线数据输入中边长或角度输入不全（要输入所有的边长和角度）。

　　通过闭合差可以检核闭合导线是否超限，甚至可检查到某个点的角度输入是否有错。

　　（6）平差计算

　　点击菜单"平差"—"平差计算"，即可进行控制网的平差计算，如图 7 – 48 所示。

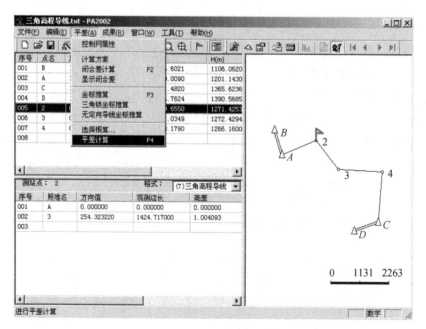

图 7–48　平差计算

　　平面网可按方向或角度进行平差，它根据验前单位权中误差（单位为度分秒）和测距的固定误差（单位为米）及比例误差（单位为百万分之一 ppm）来计算。

（7）平差报告的生成与输出

1）精度统计表

点击菜单"成果"—"精度统计"，即可进行该数据的精度分析，如图7-49所示。

精度统计主要统计在某一误差分配的范围内点的个数。在此直方图统计表中可以看出，在误差2～3cm区分配的点最多为11个点，在0～1cm区分配的点有3个。

2）网形分析

点击菜单"成果"—"网形分析"，即可进行网形分析，如图7-50所示。

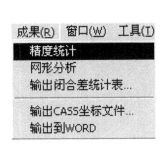

图7-49　精度统计菜单

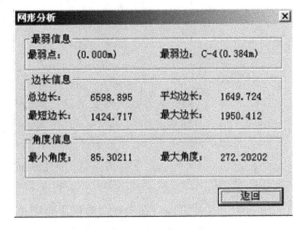

图7-50　网图分析

对网图的信息进行分析如下。

最弱信息：最弱点（离已知点最远的点），最弱边（离起算数据最远的边）。

边长信息：总边长、平均边长、最短边长、最大边长。

角度信息：最小角度、最大角度（测量的最小或最大夹角）。

3）平差报告

平差报告包括控制网属性、控制网概况、闭合差统计表、方向观测成果表、距离观测成果表、高差观测成果表、平面点位误差表、点间误差表、控制点成果表等。也可根据需要选择显示或打印其中某一项，成果表打印时其页面也可自由设置，不仅能在PA2005中浏览和打印，还可输入Word中进行保存和管理。

输出平差报告之前，可进行报告属性的设置。

①成果输出：统计页、观测值、精度表、坐标、闭合差等，需要打印某种成果表时，就在相应的成果表前打"√"即可，如图7-51所示。

②输出精度：可根据需要设置平差报告中坐标、距离、高程和角度的小数位数。

③打印页面设置：打印的长和宽的设置。

另外，平差易还可自定义平差报告的输出格式。

生成平差报告后，还可以进行报告的打印，具体打印步骤如下。

第一步：选取打印对象。在平差报告属性中设置打印内容。

图 7-51 平差报告属性

第二步：激活平差报告。在平差报告区中点击鼠标即可激活平差报告。

第三步：打印设置。设置打印机的路径及打印纸张大小和方向。

第四步：打印预览。

第五步：打印。设置打印的页码和份数后，点击打印即可。

任务 7.2 科傻系统

7.2.1 系统简介

科傻系统（COSA）是"地面测量工程控制与施工测量内外业一体化和数据处理自动化系统"的简称。它将测量基本原理和现代科技相结合，对电子全站仪、电子水准仪及常规地面测量仪器进行系统的开发，以地面控制测量、施工测量和碎部测量等测量工程为对象，实现从外业数据采集、质量检核、预处理到内业数据处理、成果报表输出的一体化和自动化作业流程。科傻系统包括 COSAWIN 和 COSA - HC 两个子系统。

"地面测量工程控制测量数据处理通用软件包"（简称 CODAPS 或 COSAWIN），在 Windows 环境下运行，即可独立使用，也可与 COSA - HC 联合使用。对 RD - EB2（掌上型电脑）传输过来的原始观测数据进行转换，完成从概算到平差的数据自动化处理。同时，具有粗差探测与剔除、方差分量估计、闭合差计算、贯通误差影响值估算、报表打印、网图显绘、坐标转换与换带计算、控制网优化设计及叠置分析等功能。

"基于掌上型电脑的测量数据采集和处理系统"（简称 COSA - HC），在掌上型电脑

RD－EB2 上运行，能自动控制和引导整个作业过程并进行质量检测，一体化程度高，操作方便。该子系统具有水准测量，二维、三维控制，碎部测量，道路测设，工程放样等测量作业模块；具有小规模水准网，二维、三维工程网的平差功能；具有文件管理和数据通信功能；该系统灵活方便，适合外业环境。

该系统不同于其他现有控制网平差系统的最大特点是自动化程度高、通用性强、处理速度快、解算容量大。其自动化表现在通过和 COSA 子系统 COSA－HC 相配合，可以做到由外业数据采集、检查到内业概算、平差和成果报表输出的自动化数据处理流程；其通用性表现在对控制网的网形、等级和网点编号没有任何限制，可以处理任意结构的水准网和平面网，无须给出冗余的附加信息；其解算速度快、解算容量大表现在采用稀疏矩阵压缩存储、网点优化排序和虚拟内存等技术。

7.2.2　系统功能菜单

（1）文件

文件菜单的主要功能如图 7-52 所示。

新建：新建文本文件，如平面观测文件等。

打开：打开任意文件。

打印设置：打印机设置，单击将打开 Windows 打印机设置对话框。

（2）平差

平差菜单的主要功能如图 7-53 所示。

图 7-52　文件菜单

图 7-53　平差菜单

平面网：对平面网进行平差。点击"打开"，进入"输入平面观测值文件"对话框，选择平面观测值文件进行平面网平差。

高程网：对水准（高程）网进行平差。点击"打开"，选择水准（高程）观测值文件进行高程平差。

粗差探测：自动探测平面控制网观测值中的粗差，若发现粗差则自动剔除。

方差分量估计：对于平面网中一组或有多组不同种类或（和）精度观测值的情况，通过方差分量估计，可以使各组观测值的精度获得最佳估计，保证平差随机模型和成果的正确性。

设置与选项：概算、平差、粗差探测及坐标转换前进行相应的设置和选项。

生成概算文件：进行概算时需要调用此项，然后进行平差。

（3）报表

报表菜单的主要功能如图7-54所示。

图 7-54　报表菜单

平差结果：根据平面网或高程网平差结果文件自动生成平面或高程平差结果报表。

原始观测值：将掌上型电脑经数据通信所得到的原始观测值文件，自动生成平面高程网或高程网的原始观测值报表。

（4）查看

打开或关闭工具栏和状态栏。

7.2.3　控制网测量平差计算

使用 COSAWIN 最常用的操作就是进行控制网平差处理，该菜单下包括平面网、高程网平差，粗差探测，方差分量估计，设置与选项，以及生成概算用文件等子菜单。这里主要介绍平面、高程控制网观测值文件的结构及生成、网平差、设置与选项及生成观测值概算文件等内容。

（1）控制网观测文件

在进行平差之前，必须要准备好控制网观测文件，即平面观测文件（取名规则为"网名 . IN2"）和高程观测文件（取名规则为"网名 . IN1"）。观测文件采用网点数据结构，除包含控制网的所有已知点、未知点和观测值信息外，还隐含了控制网的拓扑信息。可以使用系统菜单中"文件"栏的下拉子菜单项"新建"，或单击工具栏左边第一个快捷键建立平面或高程观测文件。

1）平面观测文件

平面观测文件为标准的 ASCⅡ 码文件，可以使用任何文本编辑器建立编辑和修改，其结构如下：

$$
\mathrm{I}\begin{cases}
方向中误差1，测边固定误差1，比例误差1，精度号1 \\
方向中误差2，测边固定误差2，比例误差2，精度号2 \\
\cdots，\cdots，\cdots，\cdots \\
方向中误差\,n，测边固定误差\,n，比例误差\,n，精度号\,n \\
已知点点号，X坐标，Y坐标 \\
\cdots，\cdots，\cdots
\end{cases}
$$

$$
\mathrm{II}\begin{cases}
测站点点号 \\
照准点点号，观测值类型，观测值，观测值精度 \\
\cdots，\cdots，\cdots，\cdots
\end{cases}
$$

该文件分为两部分：第一部分为控制网的已知数据，包括先验方向观测精度、先验测边精度和已知点坐标（见文件的 I 部分）；第二部分为控制网的测站观测数据（见文件的 II 部分），包括方向、边长、方位角观测值。为了文件的简洁和统一，我们将已知边和已知方位角也放到测站观测数据中，它们和相应的观测边和观测方位角有相同的"观测值类型"，但其精度值赋"0"，即权为无穷大。

第一部分的排列顺序为：第一行为方向中误差、测边固定误差，测边比例误差。若为纯测角网，则测边固定误差和比例误差不起作用；若为纯测边网，方向误差也不起作用，这时可输入默认值"1"。程序始终将第一行的方向中误差值作为单位权中误差。若只有一种（或称为一组）测角、测边精度，则可不输入精度号。这时，从第二行开始为已知点点号及其坐标值，每一个已知点数据占一行。若有几种测角测边精度，则需按精度分组，组数为测角、测边中最多的精度种类数，每一组占一行，精度号输1、2、…。如两种测角精度，3种测边精度，则应分成3组。

方向中误差单位为秒，测边固定误差单位为毫米，测边比例误差单位为ppm。第一行的3个值都必须赋值，对于纯测角网，测边的固定误差和比例误差可输入任意两个数值，如5、3；对于纯测边网，方向中误差赋为1.0。已知点点号（或点名，下同）为字符型数据，可以是数字、英文字母（大小写均可）、汉字或它们的组合（测站点，照准点亦然），X、Y坐标以米为单位。

第二部分的排列顺序为：第一行为测站点点号，从第二行开始为照准点点号、观测值类型、观测值和观测值精度。每一个有观测值的测站在文件中只能出现一次。没有设站的已知点（如附和导线的定向点）和未知点（如前方交会点）在第二部分不必也不能给出任何虚拟测站信息。观测值分3种，分别用一个字符（大小写均可）表示：L表示方向，以度分秒为单位；S表示边长，以米为单位；A表示方位角，以度分秒为单位。观测值精度与第一部分中的精度号相对应，若只有一组观测精度，则可省略；否则在观测值精度一栏中须输入与该观测值对应的精度号。已知边长和已知方位角的精度值一定要输"0"。在同测站上的方向和边长观测值按顺时针顺序排列，边角同测时，边长观测值最好紧放在方向观测值的后面。

如果边长是单向观测，则只需在一个测站上给出其边长观测值。若是对向观测的边，则按实际观测情况在每一测站上输入相应的边长观测值，程序将自动对往返边长取平均值并进行限差检验和超限提示；如果用户已将对向边长取平均值，则可对往返边长均输入其均值，或第一个边长（如往测）输均值，第二个边长输一个负数，如"−1"。对向观测边的精度高于单向观测边的精度，但不增加观测值个数。

平面观测文件中的测站顺序可以任意排列，一般来说不会影响平差效率和结果，但本软件包还提供了观测值文件排序（网点优化排序）的功能。通过优化排序，既有利于网点近似坐标的推算，也可提高解算容量和速度，但一般对于200个点以上的大网或一些特殊网才有较明显的效果。

如图7-55所示的测角网，其相应的平面观测文件

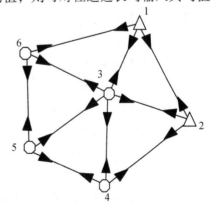

图7-55　测角控制网

"∗.IN2"的数据格式如下。

①IN2 文件示例（仅一组精度的情况）

0.7，3，3

1，3730958.610，264342.591

2，3714636.8876，276866.0832

1

2，L，0

3，L，27.362557

6，L，83.435791

2

4，L，0

3，L，74.593577

1，L，105.481560

4

5，L，0

3，L，41.334905

2，L，77.283653

5

6，L，0

3，L，58.405347

4，L，155.514999

6

1，L，0

3，L，57.240198

5，L，117.072390

3

1，L，0

2，L，121.345421

4，L，190.403024

5，L，231.554475

6，L，293.313088

②IN2 文件示例（多组精度的情况）

1.800，3.000，2.000，1

3.000，5.000，3.000，2

5.000，5.000，5.000，3

k1，2800.000000，2400.000000

k4，2400.000000，3200.000000

......
k1

  k2，L，0.0000，1

  k5，L，44.595993，1

  k6，L，89.595993，1

  k7，L，135.000120，1

k4

  p5，L，0.0000，2

  p5，S，200.004728，2

  p3，L，90.000031，2

......

2）高程观测文件

高程观测文件也是标准的 ASCⅡ码文件，其结构如下：

$$\text{Ⅰ}\begin{cases} \text{已知点点号，已知点高程值} \\ \cdots，\cdots \end{cases}$$

$$\text{Ⅱ}\begin{cases} \text{测段起点，终点，高差，距离，测段测站数，精度号} \\ \cdots，\cdots \end{cases}$$

该文件的内容也分为两部分，第一部分为高程控制网的已知数据，即已知高程点点号及其高程值（见文件的第Ⅰ部分）。第二部分为高程控制网的观测数据，包括测段的起点点号、终点点号、测段高差、测段距离、测段测站数和精度号（见文件的第Ⅱ部分）。

第一部分中每一个已知高程点占一行，已知高程以米为单位，其顺序可以任意排列。第二部分中每一个测段占一行，对于水准测量，两高程点间的水准线路为一测段，测段高差以米为单位，测段距离以千米为单位。对于光电测距三角高程网，测段表示每条光电测距边，测段距离为该边的平距（单位为千米）。如果平差时每一测段观测按距离定权，则"测段测站数"这一项不要输入或输入一个负整数，如 -1。若输入了测站测段数，则平差时自动按测段测站数定权。该文件中测段的顺序可以任意排列。当只有一种精度时，精度号可以不输。对于多种精度（多等级）的水准网，在第一部分的前面还要增加几行，每一行表示一种精度，有 3 个数据，即水准等级、每千米精度值（单位为 mm/km）、精度号。

如图 7-56 所示的水准网，其相应的高程观测文件格式如下：

TP1 100

Z5，TP1，0.0585，1.000

Z5，Z6，0.0683，1.000

Z6，Z5，0.0634，1.000

Z6，A4，0.0683，1.000

Z6，Z7，0.0489，1.000

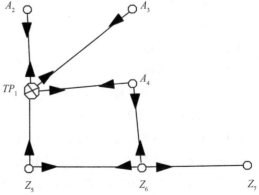

图7-56　水准网

TP1，A2，0.0320，1.000

TP1，A3，40.1607，1.415

TP1，A4，0.0562，1.000

A3，TP1，－39.8801，1.415

A2，TP1，0.0732，1.000

A4，Z6，0.0780，1.000

A4，TP1，0.0683，1.000

下面给出按距离定权、按测站数定权和多等级水准网的高程观测文件数据结构。

①按距离定权

S0，219.9592

N2，212.5328

N1，S246，24.8433，0.612

N1，S0，62.8298，0.858

N1，N0，50.7066，0.525

N0，S2，34.7798，0.690

N0，N2，4.6745，0.183

……

②按测站数定权

9568，30

9584，9568，－1.96985，0.10670，4

9568，9567，3.02405，0.07920，2

9567，9566，－0.29515，0.05200，2

9568，9584，1.97090，0.10480，4

9584，9585，1.63340，0.10280，2

……

③多等级水准网（－1 表示不按测站数定权）

1，1.000，1

2，2.000，2

3，3.000，3

BM1，120.000000

BM3，140.000000

BM1，BM2，－19.9942，20.000，－1，1

BM2，BM3，40.0073，24.000，－1，1

BM3，BM4，10.0314，30.000，－1，2

BM2，BM5，30.0088，23.000，－1，2

BM3，BM5，－10.0314，27.000，－1，3

（2）控制网平差

准备好控制网观测文件以后，即可进行平差处理。但在平差前，一般还需要对平差过程中的某些参数进行设置，如平差迭代限值，边长定权公式，精度评定时是使用先验单位权中误差还是后验中误差，是否作网点优化排序，是否作观测值概算，是否设置用边长交会推算网点近似坐标等。设置是通过 COSAWIN 的"平差"主菜单下的"设置"项来完成。如果控制网的范围较小，高程变化也较小，且为独立的工程坐标系，已知点的 Y 坐标值较小（如在 10 千米以下），或者平面观测文件中的观测值已经过了各种归化改正，则可直接进行平差处理；如果控制网的已知点坐标是北京 54 系或国家 80 系坐标系下的坐标，且 Y 坐标值较大（即测区离中央子午线较远），平面观测文件中的边长、方向值也没有经过概算，则需要利用 COSAWIN 的概算功能对方向和边长观测值进行三差改正及归化和投影改正，然后才能进行平差。这里需要说明的是，COSA – HC 子系统已对边长观测值作了加乘常数改正、气象改正及斜距化平计算。

平差时，只需在主菜单中用点击"平差"，则会弹出下拉菜单。下面对平面网和高程网平差进一步予以说明。

1）平面网平差

如果观测文件中的边长、方向观测值需要进行改化计算，则须先在"平差"栏的"设置与选项"中进行相应选择，并在"平差"栏中激活"生成概算文件"。

形成概算用文件后，点击"平差"中的"平面网"或工具条中的平差快捷键，弹出主菜单窗口如图 7-57 所示。在该对话框中选择并打开要进行平差的平面观测值文件，将自动进行概算、组成并解算法方程、法方程求逆和精度评定及成果输出等工作，平差结果存于平面平差结果文件"网名 . OU2"中，并自动打开以供查看。

图 7-57　选择观测文件对话框

在平差过程中，若出现迭代次数多且不收敛的情况，或出现其他提示，平差不能继续进行，首先应检查平面观测文件是否有大的错误。若平差结果文件的后验单位权中误差显著偏大（如是先验单位权中误差的 1.5 倍以上），则应怀疑观测值可能含有粗差。对于观测值粗差，可以查看观测值改正数的大小，并调用"工具"栏中的"闭合差计算"菜单项，检查闭合差是否超限。对于图形结构较好，多余观测数较多的网，还可调用"粗差探测"功能，探测和剔除粗差。

2）高程网平差

点击"平差"栏中的"高程网"或工具条中的快捷键，弹出主菜单窗口如图7-58所示。在该对话框中选择并打开要进行平差的高程观测值文件，将自动进行高程网平差、精度评定及成果输出等工作。平差结果存于高程平差结果文件"网名.OU1"中，并自动打开以供查看。通过查看和分析后验单位权中误差值及高差观测值的改正数，可以判断观测值和平差结果的质量；同样也可以调用"工具"栏中的"闭合差计算"功能菜单，检查各水准环线的闭合差是否超限。

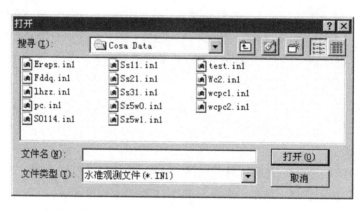

图 7-58　高程观测文件打开窗口

7.2.4　平差设置

平差设置界面如图7-59所示，包括3个开关选择框、2组单选按钮设置框和1个编辑框。开关选择框用来确定某项功能的开或关，用鼠标单击左边的方框可以设置开关选择框的开关状态。当方框中有"√"标识符时，则表示该选择框处于"开"状态，否则为"关"状态。对于一组单选按钮设置框，一次只能选中其中的某一项，选中项的左侧圆圈中会出现一个黑圆点。

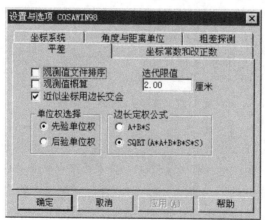

图 7-59　平差设置窗口

（1）观测值文件排序

当该选项处于选中（开）状态时，则表示平差前先要对原始观测文件进行优化排序，否则表示平差前不排序。这项选择一般适合于大网（点数 > 500）或特殊网。对于大型网，观测值文件优化排序后，可以提高平差计算速度。此外，通过该项选择，对于较复杂的网，点的近似坐标计算会有影响，如增减迭代计算次数、迭代收敛或不收敛等。因此，是否选择此项，可通过试算确定。

（2）观测值概算

当该选项处于"开"状态时，则表示在平差前首先要对原始观测值进行概算。

若要进行概算，需要首先在"平差"栏中点击"生成概算文件"，并对该文件作必要编辑。若不进行概算，则关闭该项。

（3）近似坐标用边长交会

当该选项处于"开"状态时，表示推算近似坐标用边长前方交会，否则在推算近似坐标时不使用边长交会。这项选择适用于只有少量方向的边角网或混合网，对于单纯的测边网，必须打开该项，否则网点近似坐标推算将不能进行。

这里需要说明的是：由于边长交会的二义性，当交会某一点的边只有两条时，交会出的点可能是错误的，这时可以采用两种方法加以解决，一是建立一个网形信息文件，文件名为"网名 . NET"，该文件为标准 ASCII 文件，可以使用任意文本编辑器形成，其格式为：

点名 1，点名 2，点名 3

点名 1、点名 2、点名 3 为边长交会三角形的 3 个顶点，按逆时针方向排列，每一个三角形组合占一行；二是建立一个交会点的概略坐标文件，文件名为"网名 . XYO"，其格式为：

点名，概略坐标 X_0，概略坐标 Y_0

概略坐标可以很粗糙，且只需要有二义性的交会点。为了避免上述问题，布设纯测边网时，最好不要采用单三角形，应多增加跨三角形的长边，每个网点至少有 3 条边通过，这样可减少边长交会的二义性。

（4）单位权选择

该选项是用来设置系统在进行精度评定时，是使用先验单位权中误差还是使用后验单位权中误差。点击"先验单位权"按钮，则设置使用先验单位权中误差；点击"后验单位权"按钮，则设置使用后验单位权中误差。当多余观测数较多时，使用后验单位权中误差较好；当多余观测数很少（如小于 8）时，则用先验单位权中误差为宜。在平差结果文件"网名 . OU2"中的最末部分，有先验和后验单位权中误差信息。若两者相差较大，对于边角网或有多组精度的网，已知坐标或观测值中可能含有粗差，或边角精度不匹配；若后验单位权特别大，则首先应怀疑观测值文件有错误，或者近似坐标推算出错。

（5）边长定权公式

该选项是用来设置系统在平差时采用什么公式来确定边长观测值的中误差，本系统中提供了两种边长定权公式，一种是按下式计算边长的中误差：

$$A + B \times S$$

另一种计算边长中误差的公式为：

$$\sqrt{A^2 + B^2 \times S^2}$$

式中：A、B 分别为测距仪的固定误差和比例误差，取自"网名.IN2"文件，S 为边长值，单位为千米。由于边长定权公式不同，平差结果有一定差别，可以用"工具"中的"叠置分析"进行比较。系统的默认设置是后一种定权公式。

（6）平差迭代限值

平差迭代限值是平差迭代计算中最大的坐标改正数限值，COSAWIN 系统的默认值为 10 厘米。若需要改变此项设置，可以直接在编辑框中输入所要设定的值。当最大坐标改正数小于限值时，停止迭代，进行平差精度评定。对于精度要求很高的网，可设置小一些（如 1 厘米）。如果平差迭代计算中最大坐标改正数很大且不收敛，则应考虑观测文件的数据有错，或推算近似坐标出错。

设置完上述相应的选项后，点击"确认"或"应用（A）"按钮，则接受更改的设置，否则点击"取消"，以放弃更改的设置而保持以前的设置（以后各项设置的确认和取消操作与此相同）。

图 7-60 查看菜单

7.2.5 图形显绘

显绘平面网网图。点击"工具"栏中的"网图显绘"或工具条中的快捷键，弹出主菜单窗口选择网图信息文件对话框。在该对话框中选择并打开所需要的网图显绘文件"网名.MAP"（该文件是在对控制网平差时自动形成的），则会自动在窗口显绘该控制网的网图。点击主菜单窗口"查看"，弹出的下拉菜单如图 7-60 所示，同时在工具条中，对网图操作的一些工具按钮也被激活。可对网图进行包括放大、缩小、窗口放大、恢复前级、误差椭圆的显绘、控制网点的显绘和按等比例尺还是变比例尺显绘等功能的操作。其中，变比例尺显绘功能主要用来放大隧道网的横向显示范围。点击工具条中的"打印"快捷键，可从打印机输出网图（应预先设置好打印机）。

7.2.6 报表输出

在 COSAWIN 系统中，为提供各种整齐、美观的数据报表，设计了报表输出程序，电子记录的原始观测数据（一维水准及二维、三维控制）和平差结果的表格化输出，不仅更加直观、易读，且与目前普遍使用的人工记录手簿格式尽量接近。下面将对各项报表操作加以说明。

（1）原始观测数据报表

点击"报表"栏中的"原始观测值"菜单项，其下有"平面高程网"和"高程网"两项子菜单，分别用于输出一维水准原始观测数据报表和二维、三维控制原始观测数据，下面分别予以说明。

1）一维水准原始数据报表

在进行一维水准原始数据报表输出前，应保证在当前目录下已存在如表 7 - 4 所示的 3 个文件。

表 7 - 4　水准网平差数据文件

序号	文件名	文件意义
1	网名.SZ0	水准原始观测数据文件
2	网名.SFM	水准手簿封面说明文件
3	网名.SDM	点号及代码对照表文件

文件"网名.SZ0"为水准原始观测数据文件，该文件直接由 COSA - HC 的电子手簿和通信程序将数据从电子手簿通信传输到计算机中自动形成，其格式参见软件使用说明手册；文件"网名.SFM"为水准手簿封面说明文件，存放水准网的一些常用信息，该文件若不存在，形成报表时将不添加封面。该文件为 ASC Ⅱ 码文本文件；文件"网名.SDM"为点号及代码对照表文件，存放点号的对应点名及天气、云量等代码说明信息。这些内容均是在输出水准原始数据报表时，在每页的表头上用到的。该文件也是 ASC Ⅱ 码文本文件。

当上述 3 个文件都已存在时，就可以进行一维水准原始数据报表输出，其操作步骤如下：在"报表"菜单栏中点击"高程网"，选择所需要的水准原始观测文件（SZ0 文件），系统将自动生成一维水准原始数据报表文件，文件名为"网名.TA1"。该文件为标准 ASCII 码文本文件，并带有分页符，可用任意文本文件编辑器阅读或打印，打印时可以自动换行和分页。每测段水准数据打印完后，会自动打印测段高差、路线总长、前后视距的累积差。

由于该文件中没有包含任何版式信息，若希望在报表输出时打印不同的字体，则需要将该文件调入如 WPS 或 WORD 等具有排版功能的编辑器中，进行处理后再输出。

2）二维、三维控制原始观测数据报表

在进行二维、三维控制原始观测数据报表输出之前，应保证在当前目录下已存在如表 7 - 5 所示的两个文件。

表 7 - 5　二维、三维控制测量平差数据文件

序号	文件名	文件意义
1	网名.PG0	二维、三维控制原始数据文件
2	网名.PFM	二维、三维控制手簿封面说明文件

文件"网名.PG0"为二维、三维控制原始数据文件，该文件直接由 COSA - HC 和通信程序将数据从电子手簿通信传输到计算机中自动形成，其格式参见相应的 COSA - HC 使用说明手册；文件"网名.PFM"为二维、三维控制手簿封面说明文件，存放二维、三维网的一些常用信息，该文件为 ASC Ⅱ 文本文件。

当上述两个文件都已存在时，就可以进行二维、三维控制原始数据报表输出，其操作步骤如下：在菜单"报表"栏中点击"平面高程网"，选择所需要的原始文件（PG0 文件），系

统自动生成二维、三维控制原始数据报表文件，文件名为"网名.TA2"。该文件为标准 ASCⅡ 文本文件，可以使用任何文本编辑器进行浏览和打印。其内容包括方向观测值表、距离观测值表、天顶距观测值表、测站平差结果表。

由于该文件中没有包含任何版式信息，若希望在报表输出时打印不同的字体，则需要将该文件调入如 WPS 或 WORD 等具有排版功能的编辑器中，进行处理后再输出。

（2）平差结果报表

在"平差结果"菜单栏下有"平面网"和"高程网"两项子菜单项，分别用于生成高程网和平面网平差结果报表。下面分别予以说明。

1）高程网平差结果报表

在进行高程网平差结果报表输出前，应保证在当前目录下存在如表7-6所示的3个文件。这3个文件都是标准 ASCⅡ 文本文件，可以直接使用 COSAWIN 的文本编辑器查看。

表7-6 水准网平差成果文件

序号	文件名	文件意义
1	网名.OU1	一维平差结果文件
2	网名.CV1	一维平差结果封面文件
3	网名.NM1	一维平差结果点名文件

文件"网名.OU1"中存放一维平差结果，它由 COSAWIN 自动生成；文件"网名.CV1"中存放一维平差结果表封面所需要的有关信息，该文件若不存在，则在输出报表时将不添加封面信息；文件"网名.NM1"中存放一维网的点号和相应的点名，以便在输出报表时自动输出点名。

当上述3个文件都已存在时，就可以进行高程网平差结果报表输出，其操作步骤如下：在"报表"菜单栏中的"平差结果"下点击"高程网"，选择所需要的高程平差结果文件（OU1 文件），系统自动生成高程网平差结果报表文件，文件名为"网名.RT1"。该文件为 ASCⅡ 码文本文件，且已加入自动分页符。该文件中没有包含任何版式信息，若希望在报表输出时打印不同的字体，则需要将该文件调入如 WPS 或 WORD 等具有排版功能的编辑器中，进行处理后再输出。

2）平面网平差结果报表

与高程网类似，平面网平差结果报表输出前，也应存在如表7-7所示的3个文件。这3个文件都是标准 ASCⅡ 文本文件。

表7-7 平面控制网平差成果文件

序号	文件名	文件意义
1	网名.OU2	二维平差结果文件
2	网名.CV2	二维平差结果封面文件
3	网名.NM2	二维平差结果点名文件

文件"网名．OU2"中存放二维平差结果，由 COSAWIN 自动生成，可以直接使用 COSAWIN 的文本编辑器查看；文件"网名．CV2"中存放二维平差结果表封面所需要的有关信息，该文件若不存在，在输出报表时将不添加封面信息；文件"网名．NM2"中存放二维网的点号和相应的点名，以便在输出报表时自动输出点名。

当上述 3 个文件都已存在时，就可以进行平面网平差结果报表输出，其操作步骤如下：在"报表"菜单栏中的"平差结果"下点击"平面网"，选择所需要的平面网平差结果文件（OU2 文件），系统自动生成平面网平差结果报表文件，文件名为"网名．RT2"。该文件为 ASCⅡ码文本文件，且已加入自动分页符。该文件中没有包含任何版式信息，若希望在报表输出时打印不同的字体，则需要将该文件调入如 WPS 或 WORD 等具有排版功能的编辑器中，进行处理后再输出。

参考文献

［1］高士纯，于正林．测量平差基础习题集［M］．北京：测绘出版社，1982．

［2］葛永慧，夏春林，魏峰远，等．测量平差基础［M］．北京：煤炭工业出版社，2007．

［3］纪奕君．测量平差［M］．北京：煤炭工业出版社，2007．

［4］靳祥升．测量平差［M］．郑州：黄河水利出版社，2005．

［5］牛志宏．测量平差［M］．北京：中国电力出版社，2007．

［6］同济大学大地测量教研室，武汉测绘科技大学控制测量教研室．控制测量学［M］．北京：测绘出版社，1988．

［7］陶本藻．自由网平差与变形分析［M］．武汉：武汉测绘科技大学出版社，2001．

［8］武汉大学测绘学院测量平差学科组．误差理论与测量平差基础［M］．武汉：武汉大学出版社，2003．

［9］邢永昌，张奉举．矿区控制测量［M］．北京：煤炭工业出版社，1987．

［10］徐绍铨，张华海，杨志强，等．GPS测量原理及应用［M］．武汉：武汉测绘科技大学出版社，1998．

［11］聂俊兵．测量平差［M］．北京：测绘出版社，2010．